教育建筑
规划与设计
大学 I

（意）安德烈·德斯特凡尼斯 主编 李婵 译

辽宁科学技术出版社
·沈阳·

目录

前言

浅谈未来高等教育
学校设计

安德烈·德斯特凡尼斯
Andrea Destefanis

意大利建筑师，Kokaistudios 建筑事务所合伙人，毕业于威尼斯建筑大学，开发了很多获奖的建筑和城市规划项目。Kokaistudio 在上海成立事务所后，他长期移居亚洲，在为事务所努力打拼的同时，也致力于对社会和城市环境可持续发展措施的研究和推广。

在过去的十年时间里，在线教育对于传统大学来说是一个巨大的挑战。由于没有地理位置上的限制，课程安排非常灵活，成本较低，随着课程整体质量不断提高，许多人将虚拟大学视为最终目标，并预测未来实体建筑的大学将被虚拟大学所取代。

但幸运的是，传统大学仍然在社会中起着非常重要的作用，并具有很多虚拟机构所不具备的重要功能。它们是不断地创新研究和实现重大发现的场所，当然许多研究也可以通过高质量低成本的在线学习来实现。他们也可以作为文化记忆的保存者和传播者，帮助我们的社会在前人智慧的基础上，更好地发展。最重要的是，还可以让年轻的学生参与到这些重大发现和记忆保存的过程中，同时有众多的学者和教授来指导他们。

现如今我们可以看到，尽管网络在线学习并没有完全摧毁实体教育机构，但在这个几乎所有的知识都可以在线获取的时代，现代大学必须迅速适应不断变化的需求和使用要求。拥有实体校园的学府需要帮助学生更好地学习和掌握那些在当今世界越来越被重视的技能和能力，如情商、移情和解决问题的能力等。

校园的设计不应完全采用传统的高等教育模式，即学术楼主要用于学生们上课和听讲座，而应将校园作为学生交流思想和建立社会关系的互动场所。学习型建筑不应只具有一系列教室、演讲厅和走廊，还应该具有非正式的、开放的、灵活的学习空间。

传统的单向交流的教学环境不能为学生提供最新的教育模式所要求的互动环境。学生们应该在以学生为中心的地方学习，从而满足自己的个性化需求。教室的物理空间要采用灵活的座位布局，并配置相关设备，来支持最新的多模式教学方法。

走廊和其他过渡性空间的规划不仅要满足学生流动或等待上课的空间需求，还要为学生提供一个可以休息、社交或学习的安静场所。

所有公共区域都应该鼓励人们相互交流、分享各自的想法和建立信任，从而有利于更好地团队合作。这些空间看起来要很有吸引力，营造一个令学生们流连忘返的环境。

现在的大学生通常不需要像我们以前那样多的印刷书籍或杂志，他们通过即时访问在线资源就可以找到需要的资料。然而，高校图书馆在当今校园生活中仍然扮演着重要的角色。

从象征意义和物理意义上讲，没有什么建筑能像图书馆那样代表着一个机构的核心。它们是被视为校园核心的标志性建筑，代表着学校的传统和文化遗产，代表着对学术界的文化承诺。

图书馆具有很强的实用性，并继续在学校中发挥着非常重要的作用。它可以为个人和团队提供安静的学习环境，以及其他获取知识的途径。

然而，图书馆也应该顺应现代的需求，以新的方式支持学术改革。其空间必须容纳最新的信息技术，从而打造一个适应有线或无线环境的实验室，来适应新的教学方法。

共享空间是高校图书馆的核心和灵魂。图书馆要融合先进的计算机设备和传统的参考资料，要为学生们提供各种集会空间，作为他们交流思想、团队合作和利用多种技术的学术中心。

可以将以前分散在校园各个区域的服务设施都整合在图书馆里，这样学生们可以很容易地一站获得所有的服务。例如，可以设置写作中心、教师休息室和咖啡厅、展示室和展览区，可以利用因纸质书籍减少而空余的空间，营造一种充满活力的社交氛围。

随着各种职业的发展需求越来越多，人们要全方位地掌握各种技能，大学应该模糊院系之间的界限，从而激发和鼓励学生去探索跨学科的学术研究，迎接学术上和社会上的各种挑战。

老式的单一用途的建筑应该被实验室和研究中心所取代，设置更多的流动空间，不需要太明确的空间界限划分，从而有利于不同部门和院系之间的相互沟通和合作。

未来的大学应该是一个知识市场，一个共享空间。学校的工作人员、学生，甚至是来访的客人都可以在这里会面，并一起工作学习。

为了促进外来人员的参与感，学校的设计应该具有通透性，给人一种很受欢迎的感觉，同时也要广泛开展面向社会的展示活动。一层和建筑外墙是展示丰富的研究成果的最佳战略位置。多功能教室可以用来举办展览和各种活动，或者作为开放式的工作区。还可以通过互动装置利用建筑立面来展示学生创意性的作品。

最后但并非最不重要的一点，未来的大学设计应该以健康和福祉为目标，鼓励体育运动，改善空气质量，引入自然照明，还要在学习空间内外种植当地特色的植物和草坪。

应该将资源消耗降到最低，并确保建筑具有长期的恢复能力，将促进可持续的生活方式，始终作为遵守高环境标准的一个重点。

尽管现在越来越多的人开始通过数字渠道进行学习，大学校园及其配备的设施仍然发挥非常重要的作用，它们可以将学生们聚集在一起，鼓励他们进行批判性地思考，并建立与外部世界的联系。

我们的学习方法和培养专业技能的方式变化得太快了，以至于大多数学校都是刚刚开始适应。现在也是时候探索和试验各种新的设计方案了，这样才能适应人们对于新的学习环境的需求。

有效利用共享空间

共享空间已成为高校图书馆的核心和灵魂。可以称其为"信息共享空间""学习共享空间""知识共享空间"或者"电子共享空间"。无论其名称是什么，共享空间已经成为计算机技术服务和传统的图书馆参考资料和研究资源的混合体。它是学生集会、交流思想、合作和利用多种技术的中心。

如今的共享空间打破了图书馆的许多旧规则。在公共区域，任何人都不能阻止学生们进行交谈，并且允许他们在这里吃喝，鼓励他们相互合作，咖啡厅和自动售货机也是不可或缺的。许多信息共享区都是全天候开放的。

学习共享空间的设计要将这些方面都考虑在内，然后进行调整，以便为新的 2.0 用户和学生提供尽可能最好的服务。推动图书馆开展各项服务的主要原因有两个：第一个原因是，用于存放印刷材料的空间减少了，由于数字资源的查询更加方便快捷，学生和教职员工很少查阅印刷资料了。第二个原因是，大多数校园中的图书馆都占据了主要位置。图书馆也经常通过清理印刷品收藏来腾出空间，从而促进其他协同服务，以满足学生与其他服务部门的需求。

设 计 指 南

1/

规划类型

1.1 背景

学校的空间规划方式通常受到教学方法、学生数量和场地限制的影响。大多数学校规划都会表现出五种基本规划类型中的一种或多种特征。

1.2 中轴线式 / 主街式布局

学校的主要功能区位于一个中轴线上（简化了标识，减少了二次循环）。中轴线 / 主街是主要的活动区域——是建筑的焦点，而不是简单的通道而已。这种设计主要用于大体量的建筑上，从位于建筑一端的主入口开始建立一个轴线，高高的天花板和天窗可以引入自然光和自然通风，配合精心挑选的材料和装饰，打造一个令人向往的学校中心区。

1.3 城市化布局

城市化布局是在一个矩阵中各种形式的松散组合，从而建立一个开放而灵活的社交空间。教室随意地分布在图书馆和主要的聚会空间周围。由此产生的"广场""街道"和"公园"创造了灵活的学习和教学空间。

1.4 办公室布局

这种布局模仿了典型的办公环境，打造一个全高的中庭作为主要的组织中心，将阳光引入室内，照到地板上，创造一个统一的中心聚集区和循环节点。利用玻璃隔断来分隔教室，打造开放式空间，可以将自然光引入室内，还可以欣赏户外的美景。

1.5 草莓式布局 / 集群学习模式

教室和各种灵活的功能空间以一种更小的群体模式聚集在一起（像"草莓"一样），并通过各种循环通道和社交共享空间连接在一起。学校被划分为各个院系，专攻各自特定的学科，培养更亲密的师生关系。这种模式的核心包括中轴线布局类型的大部分特征或者所有特征（也称为"草莓"式布局）。

1.6 庭院式布局

庭院式布局可以提供一种保护，一个视觉焦点，并创造一种微气候。不同形状和大小的庭院可以为学生提供灵活的户外活动场所。打造庭院需要增加建筑围护结构和循环空间，但同时又具有很多益处，包括可以更好地获得自然光，欣赏户外风景，有利于通风和打造更加舒适的室内空间。

2／ 教育模式

2.1 背景

为适应时代的发展，技术的革新以及思想的变化，教育的理念和教学的方法也是在不断变化的。所以，在存在着广泛共性的设计中，所有这些因素都可能影响学校建筑的设计、建造和使用。

2.2 教室模式

传统的教育教学方法的特点是有固定数量的学生坐在一个教室里，按照固定的时间表学习标准化的课程。

2.3 工作室模式

工作室模式的设置可以促进职业学习和亲身实践，经常会在一个类似工作场所的空间利用专门的技术和设备进行实践学习，常用于初高级水平的教学。

2.4 办公室模式

这种模式类似于标准的办公环境，通常设置在比较开放的空间中，学生在各自独立的工作台进行个性化学习。按照教育的议程和讨论的主题项目开展学习和实践，可以独立完成，也可以以小组的模式来进行工作。

2.5 校中校模式

这种模式通常存在于高等教育系统中，在整个学校中又设置各种子学校，是为了学生半自主地完成所有课程配置的。不同能力水平的学生所需要的时间也会有差别，不同年龄的学生可以

在一起互相配合，合作完成。

2.6 科系模式

这种模式是基于一些特定的学科形成的，该模式允许各学科部门根据特殊的需求开发和设置专门的课程，空间和视觉识别系统，这种模式适合大规模学校机构内的一些特定学科领域。

3／ 城市化设计

3.1 价值

• 学校在建筑形式上也是社区的一种象征；从功能上说，它可以延伸为一个社区集会的场所

• 好的城市化设计可以通过建筑、交通、户外公共空间和景观的相互作用来创造一个充满活力的、安全的、以行人为导向的环境，从而来改善城市的人文体验。学校是社区内非常显眼的对外开放的机构，因此学校的建筑应该具有外向型的特质

• 投入一定时间了解学校的地理位置，谁来使用它，怎样使用它是很必要的，这样才能将这些特质在建筑形式中反映出来，从而使学校成为社区的一部分。当这些建筑成功地和整个社区融为一体时，就会增强其自身的自豪感、归属感和同一性

3.2 城市环境

• 识别和响应项目周围环境的独特模式、历史建筑／先例、地理特征、区域和边界。建筑不需要复制某种特定的风格，但周围的建筑环境可能会对其体量、材料或比例上有一定的影响和指

导作用。同时探索该项目与其他相似类型、规模和形式的项目的不同之处

3.3 邻里关系

• 在校园内设置以行人为导向的，可以综合使用的活动场所，如社区花园、操场或公共艺术区。结合硬景观、软景观、固定装置、户外家具和照明系统的设计，使街道景观更加具有活力和吸引力

• 与周围社区建立联系。利用邻近的公园、小径、运动场等，鼓励学生进行户外活动，提高学校在邻近社区的形象。还可以利用附近的地标和公共设施，将教室的学习环境延伸到大自然中

• 考虑如何设置通往当地其他地区的路标和标识，给学生和附近社区建立一种联系和一种归属感

3.4 场地

• 研究场地的朝向、气候、地形和自然特征等特殊细节，从而创造出符合周围环境的设计。项目要在形式、体量和屋顶景观等方面体现其美学特征，同时反映出与周围社区的融合，整体设计细节应该清晰连贯，贯彻始终。如果可行，还要考虑通过修复、再利用或者与新结构的结合的方式来实现保留具有重要意义的建筑结构、节约成本和节能的目的

• 好的设计项目还需要考虑建筑和场地如何影响人的体验，并通过建筑设计回应这种体验，力求增加人与建筑之间的交互作用。设计必须可以在一年四季为所有用户提供一个具备各种功能的安全环境。为学生和教职员工提供可以进行各种实践活动和教学的安静空间

• 建筑应该按照"人的尺度"来设计，在场地和街道之间建立明

显的边界。在主入口设置明显的视觉标志，在主入口和次入口设置人行道和车辆通道以及停车场

• 学校设施不仅在上课时间使用，因此项目的设计必须要反映昼夜的变化。窗户设计要具有安全性，要与街景相呼应，对时间变化、天气变化和地理位置要有清晰的感知

4/ 场地规划与景观设计

4.1 组织

• 建筑选取的位置要具有较大的灵活性，以适应将来建造其他的建筑和场地开发（如模块化教室、新的运动场、仓储建筑）的需求

• 建筑内部布局应与场地相适应，确保将光线和景观最好的区域留给教室或办公室等空间，而不是装载区或垃圾区

• 建筑物会产生阴影，也会影响室内的光线和视线。在对建筑体量及其几何结构的设计过程中，要确保对室内空间质量造成的不利影响降到最低

• 硬景观和软景观的比例要保持一定的平衡，避免大面积地使用沥青、混凝土或者草皮（除非操场需要）。结合低维护设计，采用耐旱植物和本土物种。在不适合植物配置和维护的区域采用节水型园艺设计

• 在校园内骑自行车是很美好的经历，不过遇到下雪等糟糕的天气，大家就不愿意骑车了，所以到了冬天人们就会将自行车收起来。设计中要为学生和教职员工提供安全的自行车停放处。停放处要分散设置，可以位于学生和教职员工经常出入的地方

还要考虑如何设置定位架,方便除雪

• 在主入口附近设置车辆即停即离区,并设置校车专用区,从而降低安全隐患,保证交通畅通。要将学生、行人、员工和访客的通道与车辆停靠区和服务区分开。可以利用景观、围栏和建筑物来明确划分人行区和车辆区

• 可以围绕园区设置连续的围栏来界定学校区域,这样设置也有利于教师了解户外情况

• 要对垃圾箱和机械设备等显眼的地方进行遮挡,同时在这些隐蔽空间的外面标明"小心"字样

4.2. 场址

• 要根据当地四季的气候情况,考量场地的美学质量,尤其是在冬季。在景观设计和植物的选择上要充分考虑低维护的问题,确保用最低的维护费用达到最好的景观效果

• 在利用有利条件和景观来设计户外微气候的时候要充分考虑阳光、风、雪等天气变化因素。尽量保证户外空间方便全年使用

• 庭院要设置在安全的户外区域,并做好防护措施,以抵御不好的天气。可以设置雨篷、悬岩结构和共享区作为防护,为学生、教职员工和访客提供非正式户外学习空间

• 如果场地原来是一片绿地,要充分研究如何将现有的树木、湿地和其他地理要素融入新的建筑场地中

• 在有坡度的场地上,要很好地利用自然的坡度变化,将其融入景观设计和建筑设计中。如果需要景观维护,要设置狭道以确保维护过程中的安全。如果斜坡非常陡峭,要尽量采用低维护植被和节水景观设计来减少进入这些区域的机会

4.3 强化措施

• 座椅不是典型的户外家具,选择座椅时要充分考虑其耐用性和经济性。在一些大的集会空间可以利用一些景观设施作为非正式的座位区,如巨石、雕塑、长凳、覆盖区或者楼梯等

• 为确保校园的安全性,可以采取通过环境设计预防犯罪的措施。利用景观措施控制进入点、界定边界,从而提高自然监控。利用门、栅栏、人行道和走廊等进一步界定区域,防止发生意外事件。可以从教室和办公室的窗户监测到户外的情况,建筑周围的景观照明也给建筑增加了生趣,同时减少了不当行为的发生

• 要为学生创造各种各样的户外集会场所,可以容纳各种规模的团体聚会。要在这些户外空间提供座椅,也可以利用场地上的艺术品和雕塑作为座位区。这些区域也可以兼做户外教学空间

• 在大型的户外场地上,要考虑设置指定的步道路线,以鼓励学生更多地进行户外活动

• 在户外区域采用当地的动植物,还可以利用这些植物进行教学。学校还可以开辟一些菜园,学生和一些社团可以在这里种植蔬菜

• 考察现有的地形条件以适应各种户外活动,包括一些季节性活动(如滑冰等)。同时要根据现场条件设计最佳的建筑朝向

5/ 构成与美学

5.1 背景

构成与美学是指将"建筑物"与"建筑学"区分开的抽象的艺术品质。构成是指将建筑物的体量、表皮等元素组织成一个合理

化的整体。各个结构组件之间存在一定的显性或隐性的关系。美学是指利用一定的设计技巧，例如风格和装饰，来引起人们感官上的注意，引发情感反应，视之为"美"。

5.2 设计技巧

• 项目的体量和结构衔接是否与场地或城镇环境、气候或天气、景观和历史等当地独特的环境因素相适应？设计可以巧妙地将其融为一体吗

• 建筑的各个构成要素之间的关系是否和谐？是否与场地、其他建筑物和其他细节上保持一致？各个设施的布局是否合理？是否具有其独特性

• 新建部分或者翻新部分是否反映了原有结构的建筑风格，还是要有意融入新的独特元素，与原来建筑形成鲜明的对比

• 在项目规划、建造和形成的过程中是否遵循了功能性原则（是否有效）、坚固性原则（是否持久）和愉悦性原则（它看起来好吗）

• 建筑物在视觉上来看是否组织良好？是否在关键元素和形式上遵循了对称原则，是否体现了一定的比例和平衡原则？建筑是突出的还是隐藏式的？使用的材料和细节是否恰当？是否具有吸引力和持续性的

• 建筑物的规模是否与场地和周围其他建筑物关系恰当？建筑的体量和形式是否创造了合适的室内外空间，是否有足够的教学空间和教学设施

• 是否将服务设施、照明和落水管等设施恰当地整合到立面中？结构系统、开窗和入口等构成要素的细节设置是否恰当？建筑立面设计中是否考虑采用节能措施

• 材料的颜色、纹理和图案是否有变化？它们的比例是否合适？是否位于建筑最重要的部分，增强其视觉效果

• 是否将标识、图形和艺术整合到立面结构中

• 学校是社区内的一个机构，要给使用者留下一种永久性的印象。在材料的选择和细节的处理上要充分考虑其耐久性、可维护性和使用寿命，这样才能给人一种永恒的感觉，同时也增加了建筑的可持续性

6/ 社区融合、参与和同一性

6.1 角色

• 学校作为社区的一个具有标志性的建筑，应该将其形式、功能和灵活性融为一体，以适应学校和社区活动

6.2 联系

• 整合并建立物理和感知上的联系，从而加强学生在社区的学习和社会体验。还要充分考虑学生往返学校和社区之间的轴线和视野

• 要提供一个对外开放的出入口、非正式座椅、一个或两个私人会议室和一个家长信息中心，供家长了解学校及其活动，并分享知识和信息

• 提供安全、可控的课外活动空间。通往运动场、会议室和盥洗室/更衣室的通道应有明确界限并保证其安全性。可以考虑设置一个社区食堂，为进行户外活动的人们提供午餐。在靠近住宅区的地方设置体育设施，以鼓励行人进入、公众互动，丰富市民活动空间

• 设置一些小规模的、开放的、灵活的集会空间（适合于公众集会、表演和展览等），可以对社区开放，以换取学生在其他公共机

构或当地企业学习的机会

6.3 同一性
• 学校是社区内的一个地标、公共论坛场所、资源中心和活动场所
• 从某方面来讲，学校的历史、文化和教学理念是由校园内的人塑造的；他们取得的成就丰富了学校和社区的历史文化遗产。那么要怎样将学校和社区区分开呢
• 好的学校设计能够与周边场地的物理环境和文化背景相呼应

6.4 加强融合
• 在设计阶段就可以让社区参与，以加强公共活动的参与感和终身学习的机会。这种参与可以培养牢固的学校/社区关系和公民自豪感

7/ 空间规划

• 结合各种自然材料、色彩、纹理和形状，创造能够引人入胜的非机构性的空间
• 为教师提供存放个人物品的独立空间，以及可以存放电话和进行数据访问的工作区。与其设置一个大型教师休息室，不如考虑设置一系列可以用于工作、交流、会议和厨房/盥洗室的空间
• 宽敞的走廊可以改善人流量大造成拥挤，可以减少在课间人群移动时产生的对抗焦虑。避免设计冗长单调的走廊，为小型社交和学习团体提供壁龛，创造有趣的室内空间，并可以欣赏户外景观

• 避免设置无监督的小空间，避免产生欺凌事件。考虑视线和自然监控，以提高洗手间和梳妆间等区域的舒适性和安全性
• 确保走廊内有足够的空间放置衣帽架、储物柜、背包和鞋子。衡量储物柜使用高峰期以及学生课间人流移动高峰期的空间需求
• 建筑设计是否创造了一种场所意识？它是否与自然联系在一起，利用光线和景观，提供了免受自然因素影响的、舒适的、具有包容性和人性化的室内外空间
• 在室外通道和主入口邻接处提供舒适的座椅，以便学生在上课间歇时间聚集休息

8/ 通用设计

8.1 背景
通用设计是指那些尽可能使所有人都能使用的产品和环境的设计，而无须进行专门设计。

8.2 原则
与大多数其他公共机构一样，学校应尽可能满足所有使用者的需求，包括有身体缺陷、认知障碍以及听觉或视觉受限的人。

通用设计源于无障碍原则，旨在通过创造对所有人都具有无障碍性、功能性、吸引力和公平性的设施、产品和空间来改善整个建筑环境。例如，通常会单独设计一条轮椅坡道，旨在为那些有行动障碍的人提供通道。

设计师经常会根据空间的情况将这些构成要素添加到建筑的某个显眼的位置，而不一定是在主入口处。设置专用通道的目的是提供无障碍设施，但是这些专门隔离出来的坡道可能会给使用者带来一些耻辱感，使用的频率较低，同时在视觉上对建筑和场地也会带来一些负面影响。而采用通用设计的方法可以整合场地平整、景观和建筑配置，从而提供一个通往建筑的缓坡，以此来消除对专用坡道和楼梯的需求，建立一个可以通用的，并可以保留尊严的入口处。

由于项目的某种局限性，会不可避免地限制通用设计原则在每一种情况下的实际应用，但设计师应尽可能理解并应用通用设计的七项原则。

⑴ 合理使用
设计对于具有不同能力的人来说是有用的。

示例：
•对于所有人来说，使用电动门可以使进入公共空间更便利
•在公共卫生间设置迷宫式入口，可以消除门的障碍，对于所有的使用者来说都更加便捷，同时也减少了与门把手接触时的卫生问题

⑵灵活使用性
灵活使用性的设计适应了大多数人的个人喜好和能力。

示例：
•灯的开关要采用扁平大的开关，这样可用手、拳、肘等任何部位去开关灯，而不要采用不利于拨动的小开关

⑶ 简单直观的使用
无论用户的经验、知识、语言技能或教育水平如何，采用的设计都很容易被理解。

示例：
•公共应急站要利用公认的应急颜色和简单的设计，快速向行人传达此设施的功能
•使用带有文本标签的有意义图标进行标识和寻路

⑷ 可感知信息
无论周围环境或用户的感官能力如何，设计都能有效地向用户传达必要的信息。

示例：
•采用粗糙或有纹理的边界线，与平整光滑的步行地面形成对比，表明一种坡度的变化或者向软景观、水池等的过渡

⑸容差
设计要将意外或非预期行为的危害和不利后果降至最低。

示例：
•选择合适的实验室设备，以防意外跌落

⑹低耗性
设计能被有效使用，并具有舒适性，尽量降低疲劳感。

示例：
• 门把手不需要握力，可通过闭合的拳头或肘部操作

(7) 使用空间的大小
无论使用者的身体胖瘦、姿势如何或者活动性如何，设计都要为使用者提供适当的尺寸和空间。

示例：
• 走廊要足够宽大，可容纳轮椅使用者和背着背包的学生

8.3 其他注意事项
• 提供简单、清晰的道路循环系统，设计清晰的路径和入口等
• 有必要提供扶手，并利用材料纹理设计成触摸式的标识
• 确保循环路线的宽度设置得当（轮椅转弯直径至少 1.5 米），路面坚实、水平且无障碍物
• 将硬件和控件设置在用户可以触及的范围内，并选择便于操作的模式
• 考虑声音对视障人士的重要性，建筑物和房间的设计要减少回声、混响和外来背景噪声
• 为语音阅读和手语提供合适的照明（自然光和人工照明）。控制眩光，避免相邻空间之间的极端光

9 / 净能量和主动设计

9.1 净能量
净能量（非运动性产热）是指除睡眠、饮食和运动以外的所有活动消耗的能量。梅奥诊所内分泌研究小组进行的研究证明，从椅子上起来或在键盘上打字等看似微不足道的活动的累积效应，实际上也对人体的热量代谢和健康有着重要的贡献。

9.2 主动设计
主动设计是指促进人们身体活动和健康的设计——利用了人们对工作、玩耍、休息、社交和行动方式的理解，以此鼓励使用者进行活动。主动设计策略与建筑物和场地的设计方式有关，相比一些低能耗设计元素（如电梯），可以更多地选择主动设计元素（如楼梯）。随着由于缺少运动而引起的相关健康问题（包括儿童肥胖和 2 型糖尿病）的日益普遍，将主动设计原则融入建筑环境至关重要。

楼梯和电梯
• 将中央开放式楼梯作为学校建筑的关键设计元素，还要提供电梯以供不同需要的人使用。中央楼梯的设计要结合很多影响因素，如学校的主要方向、视野、旅游区 / 轴线和主要入口 / 社会核心。饰面应选择具有耐久性、安全性高和具有吸引力的材料
• 考虑在中央混合楼梯处设置社交区 / 座位区。楼梯要足够宽，可以方便人群同时上下楼，并确保空间比例设置方便舒适，并可以安全使用
• 设计要突出室内或室外景观的趣味性，融入艺术品，明亮的色彩，自然光和良好的通风。也要考虑到紧急出口楼梯处的玻璃设计，提供与相邻空间的光线和视觉连接
• 将楼梯提示设置在最显眼的位置，并在关键区域，如电梯处，提供适合年龄的信息，从而鼓励人们使用楼梯
• 电梯应设置在建筑物入口的视线之外，但应在无障碍通道的合

理范围内。考虑到电梯门打开／关闭速度较慢，在电梯设置中要注意电梯在返回一楼并不使用的情况下门不能处于开门状态

建筑规划
• 建筑功能区的设置要鼓励短距离的步行，人们可以很愉快地走到公共区域。在中央大厅或中庭周围设置集合空间，以促进人们步行到社交区域
• 学校设计还要考虑其服务的年龄段，确保步行路线具有便捷、安全和高效的空间通道，特别是当学生们在不同时段更换教室时

具有吸引力和鼓励性的步行路线
• 沿步行路线提供具有良好采光的室内设计和相关基础设施（洗手间、饮水机、座位等）
• 狭长的走廊中可以提供快速消费区，注意人员流通，不要增加可选择的用户体验
• 可使用标识系统为建筑内部和建筑周围的路线提供指示信息，利用增量距离标记可以让用户衡量步行的时间和距离。带有距离信息的道路和人行道可以作为平时散步的场所，也可以作为体育课锻炼的场所

设置适合运动的设施
• 在学校主入口附近提供安全的、带篷的自行车停放区，并且方便通往更衣室和淋浴间。在次要入口处可以设置较小一些的、分散式的自行车架
• 考虑如何适应季节性活动（如滑冰、滑雪）
• 设计体育／活动空间以适应各种用途（如瑜伽、健身、舞蹈等）。

充分利用色彩搭配，并提供良好的视野和通风条件，设计一个具有吸引力和激励性的空间，并鼓励定期的规范使用。当自然通风不可行时，要为活动空间提供单独的空调设施来控制温度和通风
• 注意预防和解决潜在的噪声干扰和视线干扰
• 利用显眼的标识和信息板，推广与体育活动相关的设施、服务和团体

建筑、场地和外部模块
• 提高街道和操场的多样性、透明度和细节设计，从而加强行人体验。注重天篷、遮阳篷、楼梯和坡道的搭配设计
• 提供多个出入口，并在设计中将建筑群与附近的公园和公共空间相融合。利用景观设计确保内部的安全性，同时增加趣味性和充满活力的体验，从而促进日常使用
• 社区团体／赞助人／家长应与设计团队合作，当新学校建成时，确保操场得到合适的选址和设计，并可以随时使用

10／ 灵活性设计

10.1 背景
设计一个可以满足各种用途的建筑是不可能的，但是可以设计临时空间或者可以改变的空间。将来学校会不可避免地要进行扩张或者收缩，教学方法会改进，新的技术发展也会改变学生的学习方式。所以要为各种规模的学习团体和活动小组设计空间；确保空间能够支持多种用途，并确保家具、设备、系统和装饰具有耐用性和适应性。

10.2 日常灵活性

• 可以围绕一个大的活动空间设置一系列小规模的活动空间。可以通过可移动的分区或房间之间的共享空间来实现。确保适度的视觉开放性，采取适当的隔音措施，以支持多组不同规模的活动小组同时进行，同时尽量减少视觉和声音的干扰

• 要在大型教学、行政办公室或者社交空间为学生、工作人员或访客等小群体设置壁龛。并提供相应的家具、平台和设备来支持这些区域的活动（例如，在靠近主入口的位置为家长和访客提供放置物品的壁龛，并提供电子设备或关于学校及其活动内容的电子信息或纸质信息资料）

• 灵活性也可以体现在非教学空间中。通过精心地设计，可以将宽敞的中央楼梯作为一个非正式的聚会空间，并可以鼓励学生们做一些体育活动

• 为学校日常活动和课后交流设置的灵活空间，必须重新进行配置，并配备合适的功能性家具和设备

10.3 长期灵活性

• 适应性强的多功能空间可以适应用户不断变化的需求，提高设施的长期使用性能。避免在开放空间中使用中间结构柱，并考虑其他空间结构构件和承重墙的位置，以便于将来将较小的房间打开，创建更大的空间

• 设置家具、设备、隔断系统，提供足够的储存空间

• 要对未来可能的扩张和收缩进行预测和规划。考虑建筑物和场地的适应性，以适应未来使用需求上发生的变化（例如，如果入学率下降，设施关闭，如何重新调整学校的方向和空间的变化？）

10.4 室外空间

• 学校的室外场地要为学生／工作人员和周围社区提供教学、学习、娱乐和社会活动的空间。建立多种户外区域，利用自然和人为的场地特征，提供探索性的学习环境，创造有趣、独特、灵活的空间。利用邻近的社区设施，例如公园、小径和其他便利设施

• 创造温和的微气候环境，防止冬季寒风和夏季强烈的阳光带来的伤害。空间的设计要适合不同规模的小组活动。可以简单到一张供一两个人坐的长椅，一个树荫下的阅读区，或者将一个带遮阳棚的入口，兼作一个非正式的教室

• 学校的室外场地可以在课余时间开放。设计一些花园，可以作为学习和体育活动的空间，同时也可以在这里种植当地新鲜的蔬菜

• 为学生们提供进行艺术创作和展示的室外空间（例如，可以利用一些耐用的室外家具将这里设置成室外教室或工作室空间，或者利用裸露的体育馆墙壁作为投影屏幕，用于展示学生的艺术作品）

11/ 模块化教室

11.1 背景

工厂化建造的便携式教室减轻了学校由于学生激增带来的压力，并且具有灵活性，可以随着入学人数的变化而进行增减。尽管学校迫切需要一个适用于一切场合的"即插即用"式的教室空间，但同时也要考虑如何将定制的模块化教室更好地整合到学校中来。

• 将地面、天空和景观融合为一体。根据需要设置不同的护墙高度，并使用耐用的踢脚材料

• 提供具有吸引力的饰面、颜色和纹理（与标准的中性 VCT/ 乙烯基地板、隔音天花板、米色墙壁等相比）。室内外的装饰，以及自然光和人工照明的设置都会影响人们的情绪和行为

• 对增加的模块化教室所创造的室内外空间进行设计。研究如何将附带空间转化为有用的、并具有吸引力的社交空间和学习区域

• 学校要设计一个永久性（核心）区域，预留增加模块教室的空间，并确认不同建筑元素之间的体量和体积的层次。在空间允许的情况下，可以在学校核心区域设置可移动的屏幕，向社会展示学校的"最佳面貌"

• 即使在标准化建设的约束下，也可以提供定制。作为核心学校建筑的补充，可以在模块化建筑的外墙板，如水泥纤维板上刷漆，以不同的颜色彰显其个性化特征。如果外皮是光滑的板材，如金属板，可以采用黏附各种图形（"卡车包装"）的形式，方便快速应用或更换，经济实用

11.2 整合

• 仔细考察现场地形以及模块与地面之间的高度，尽量避免产生坡道或楼梯，根据需要同时设置无障碍通道

• 利用景观设计将模块化教室与场地整合在一起。周围的灌木、草坪和多年生植物有助于固定模块，并提供一种持久性的感觉。相对来说，灌木的移植更加经济便利（如果要将树木融合进来，需要在规划过程中考虑得更多）。学生、员工、家长和社区人员都可以参与规划和种植；该策略有多种益处：增加了学习机会和体育锻炼，有利于学校与社区关系的发展，并提升自豪感

• 开发一个模块化的前厅，将核心建筑和便携式教室连接起来，并在一系列便携式教室的末端设置一个正式的出入口。前厅应提供无障碍通道，并遵循通用设计原则

• 前厅入口处设置雨棚，由工厂安装，与建筑结构和建筑设计相结合。饰面材料（覆层）可现场选择，可以使便携式设备与核心学校的饰面相匹配，使整个学校的建筑结构更加融合统一

• 或者，可以将前厅建造成核心学校的一部分，从而适应模块化教室的增加

• 将独立的机械室从便携式设备中移出来。前厅内设置共用杂物间，并将机械 / 电气 / 管道架安装在模块化教室走廊的天花板内，这样可以减少多余的设备、维护、噪声和成本，同时提高能源效率。此外，将更衣室移至走廊里，还可以增加教室的可用空间，使其具有更大的灵活性

12/ 物质性

12.1 背景

物质性是指建筑环境中材料的策略性选择和应用。材料主要是通过视觉和触觉感知的，材料的选择对于空间的体验、功能和记忆性都有一定的影响。也可能触发其他的感官或心理反应，如雪松木的气味，或对某些材料的感觉，如冷 / 热、软 / 硬等。

12.2 内部

• 确保选择的材料具有耐用性、可维护性和长期使用性，并适合当地气候、建筑用途和周围建筑环境。设计的组件或各个部件

要便于维修或者更换，要将对相邻建筑构件的影响降到最低。可以通过多种方式，采用普通而经济的材料来将细节表现得淋漓尽致

• 材料的选择也会影响人们的情绪、表现和行为。在选择材料饰面、纹理和颜色时要充分考虑这个空间将用来做什么。避免过度使用混凝土砌块等冰冷坚硬的材料。采用木材等天然材料，可以给用户带来温暖和启发

• 在平凡的设计中进行创新（例如，可以将各种色彩或嵌入物体融入抛光的混凝土地板中，以创造一个持久的、吸引人的独特饰面）

• 基于设计实践证明，可以通过增加光线和空间视野来提高空间体验效果。光线（特别是自然光线）对于空间的体验有很大的影响，并会随着一天的时间／一年的时间变化而变化。在可行的情况下，应更多地利用日光激活空间活力，从而减少对人造光源的依赖

• 确保选择适当的材料和系统，以控制空间照明，光线反射，眩光和热量。尽可能避免使用荧光照明，而采用全光谱和自然照明。恰当地利用阳光照射规律合理安排室内活动空间

• 在天花板处理上要有一定的变化。中庭、公共区域和教室可以采用一系列设计方法，如采用外露结构、悬浮舱壁、隔音板或摆放艺术品。必须注意确保光线和声音水平在可接受的范围内

• 不要只依靠隔音天花板来解决噪声或隐私问题。还要充分考虑空间邻接、其他表面装饰、家具、墙壁和天花板的配置，来共同缓解噪声问题。从声音上考虑，教室和行政区域等较安静的空间应与喧闹区域（公共空间、体育馆等）隔开

• 模块化组件越来越多地应用于墙壁和天花板上，可以提高效率，增加耐用性和美观性，同时还可以降低成本

• 内部或外部结构系统的对外展现可以为空间增添戏剧性的效果，并可以展示建筑细节。建筑系统（如机械、电气等）的暴露和展现可以引发学生的兴趣，为学生提供学习机会

12.3 外部
• 利用变化的材料、纹理和体量来提高视觉上的趣味性和吸引力。建筑不仅仅是不同部分的组合，要利用材料增强建筑的连贯性和统一性。要结合当地材料、工艺和施工方法，加强与当地社区或城市的融合

• 当材料产生强烈的水平线或垂直线时，可以考虑采用具有相反方向或纹理的饰面，并利用这种设计来增强重要建筑构件（例如主入口）的趣味性

• 了解材料的物理特性（如纹理、厚度），为建筑立面、景观和其他表面创造和谐的视觉效果。利用材料的经验性质（如温暖性和视觉重量感）来创造更加人性化的、更受欢迎的空间

13/
标识、图形和艺术

13.1 背景
考虑到建校的总成本和付出的努力，标识、图形和艺术设计是建校过程中相对较小的部分，经常被遗漏或者在建校移交后留给运营商和用户来解决。然而，当这些元素融入设计过程中时，它们可以成为创建品牌、与社区联系、改善对学校环境的第一印象和视觉体验的有力工具。

13.2 价值

• 标识是学校面向公众的一种标志，并为师生和访客提供有关场所和活动的导示和信息

• 图形增强了标识的趣味性和实用功能。各种图形形式，如形状、图案、图像、颜色和文字，都可以独立使用，以定义空间 / 区域，营造空间氛围，影响用户的情绪，并产生激励作用

• 艺术的各种形式都可以运用到设计中，包括图形、雕塑或数字化技术。艺术可以作为一个独立的概念存在，也可以作为一种表达方式，来展现学校和社区的历史和文化底蕴

13.3 强化

• 将可视媒体视为学校设计的一部分（将吉祥物、标语、横幅等交给运营商）。提供内部和外部（建筑和场地）的结合区，设置大型图案、艺术墙或临时展览区 / 投影区

• 可视媒体的位置和可见性是其实现预期效果的关键。交通繁忙的区域，如主要入口和共享的中央 / 集合空间，是展示艺术和提供标识或图形的绝佳场所，这些标识或图形传达了学校的活动情况和取得的成就

• 可视媒体为学校提供了建立品牌形象的机会，即使在标准的学校设计中也可以。景观美化、户外设施和包括艺术品或雕塑元素在内的家具设计，都有助于学校树立自己的品牌形象和标志

• 全面考虑其规模、位置、照明、颜色、材料、耐用性和预算。还要考虑标志的安装高度，以便于比较矮的学生或者轮椅上的学生等都能看到

• 与地方政府、企业和社区团体联系，鼓励和支持学校的学生艺术和公共艺术。向公众开放艺术区，特别是在一些缺乏基础设施和展览空间的小型社区

项目地点：中国，北京
完成时间：2019 年
业主：清华大学，廖凯原基金会
设计公司：Kokaistudios 建筑事务所
主创设计师：菲利波·加比亚尼
（Filippo Gabbiani），安德烈·德斯特
凡尼斯（Andrea Destefanis）
设计总监：彼得罗·佩龙（Pietro
Peyron）
设计团队：李伟、秦占涛、安德莉亚·
安东努西（Andrea Antonucci）、
安娜玛丽亚·奥斯特维（Annamaria
Austerwei）
摄影：金伟琦
建筑面积：20,000 平方米

清华大学廖凯原
法学院图书馆

设计背景

2014 年，Kokaistudios 建筑事务所赢得了北京清华大学法学院图书馆建筑及室内设计的国际竞赛。该建筑主要包括研究、教学及办公三大功能，既致敬了传统凹版印刷块，又令人联想到中国首都的标志 —— 胡同和庭院。并由一系列的挑空空间相连，这座建筑为中国一流学府的校园增添了一道亮眼的风景。

设计理念

Kokaistudios 建筑事务所设计的 2 万平方米新建筑是校园既有规划的建筑群之一，其重要性为呼应群组下沉区的主题景观，也兼容开放及封闭两种形态的人行道，"二元性"是新图书馆的核心理念。

建筑功能垂直划分，低区主要作为开放的公共空间，向上则偏向封闭的私密空间。为与周边的露台及分区景观相协调，图书馆的两个入口被分置于不同的楼层。西侧的入口设在地面首层，并通向一个两层通高的中庭，空间开敞且通风极好，并与一个约 450 座席的活动空间相连，主要用作模拟法庭；东侧的入口则设在地下，通往学生中心、自助餐厅及多媒体教室。

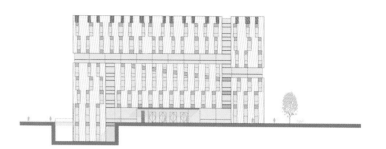

西立面图

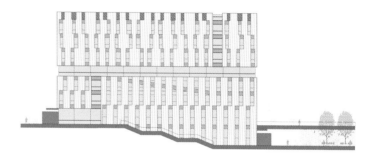

南立面图

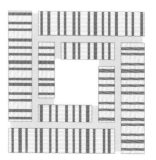

屋顶平面图

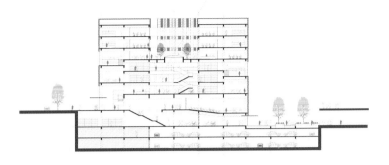

剖面图 AA

剖面透视图

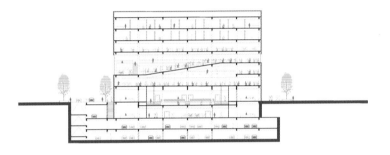

剖面图 BB

大坡道阅览室剖面透视图 1

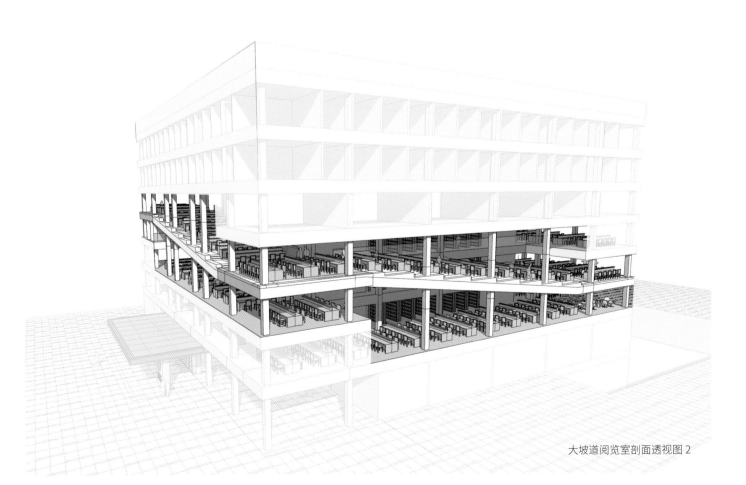

大坡道阅览室剖面透视图 2

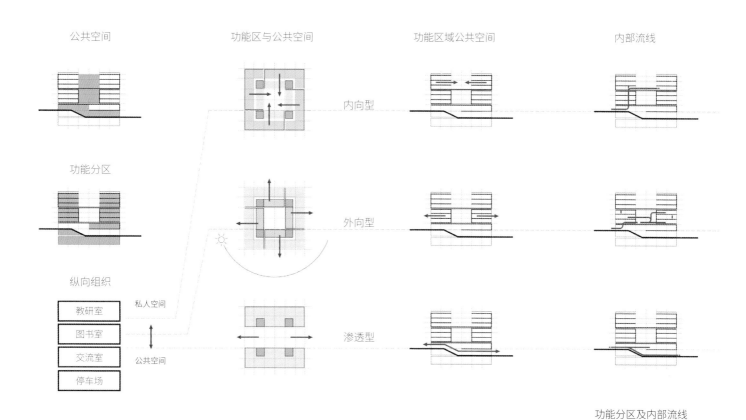

公共空间　　　功能区与公共空间　　　功能区域公共空间　　　内部流线

功能分区

纵向组织

教研室	私人空间
图书室	
交流室	公共空间
停车场	

内向型

外向型

渗透型

功能分区及内部流线

空间布局

为创造更私密和安静的环境，设计将三层以上的空间整体留给图书馆。中庭三层挑空，顶部天窗提供了充足的自然采光，围绕这一中心，整体布局呈旋转对称状展开：书架区在四周排列，外沿则是阅读和学习区。由一系列的宽大坡道和阶梯式座位区连接，配以浅色的木材，课桌被安置在落地窗边，提供自然光的同时也为使用者提供了舒缓、平静的阅读体验。设计不仅创造了一个可高效利用的空间，更可以让师生和访客在其中自由无拘、连续穿行。

再往上走，最上面的三层是学术人员的办公室和研讨室。与下方楼层的开放性形成鲜明对比的是，尺度收窄的入口区平和安静，向内的区域几乎像修道院回廊一般私密。这里同样延续了空间的虚实相生和挑空的主题，设计受中国古典园林的艺术启发，楼层的平面功能围绕着中央庭院来布置。空间的中心点是天窗，设计通过光线含蓄地连接所有元素。

围绕一个公共空间建造的图书馆和两座相邻的建筑

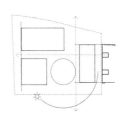

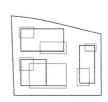

一系列的下沉花园形成了一个行人专用的通行网络

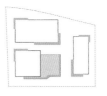

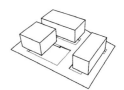

一层以及下沉一层的户外公共空间相连接

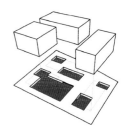

总平面建筑布局

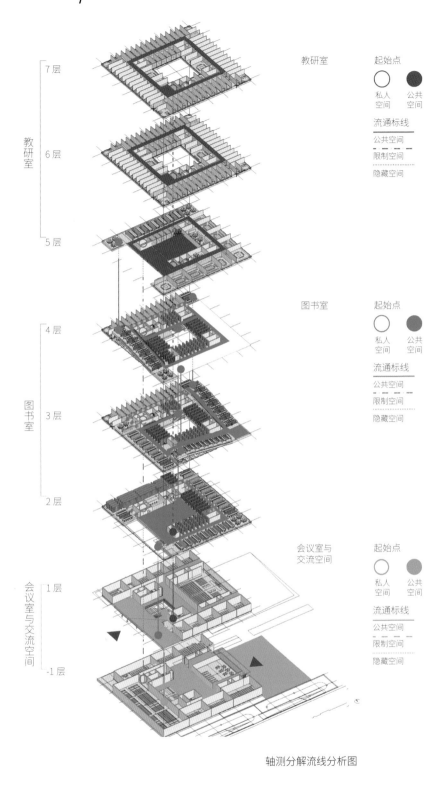

7 层

6 层

5 层

4 层

3 层

2 层

1 层

-1 层

教研室

图书室

会议室与交流空间

教研室

起始点

○ 私人空间　● 公共空间

流通标线

公共空间

限制空间

隐藏空间

图书室

起始点

○ 私人空间　● 公共空间

流通标线

公共空间

限制空间

隐藏空间

会议室与交流空间

起始点

○ 私人空间　● 公共空间

流通标线

公共空间

限制空间

隐藏空间

轴测分解流线分析图

建筑内部的挑空空间主题在室外依然有延续。更为特别的是，阅览和研究区旁连续的一扇扇窗呈锥形对角状，为建筑中部三层增添了透明的质感，效果十分灵动。而外立面的石材覆层呈垂直条状，仿佛是中国经典的竹卷书简。设计与空间的功能相契合，建筑整体会令人联想到传统的雕版印刷和印章，这些与书籍、秩序和法律紧密相连的形象。

建筑周边的空间虚实相映，让人联想到北京迷宫般的胡同，特别是那些掩藏在墙和门之后的传统庭院。镂空的空间也呼应着下沉天井这一主题，而天井正是周边建筑的特色。

所有元素相结合为空间提供了学术建筑必需的功能，即学习、研究、交流、沉思。清华大学法学院图书馆是中国最负盛名的法律精英的研习空间之一，这座具有里程碑式的建筑不仅为学生、学者提供服务，更激励着他们在法律学术之路上砥砺前行。

传统垂直式阅览室

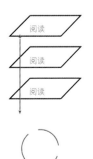

坡道式无缝连接环形阅览室

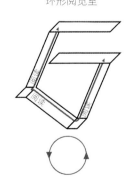

大坡道式阅览室

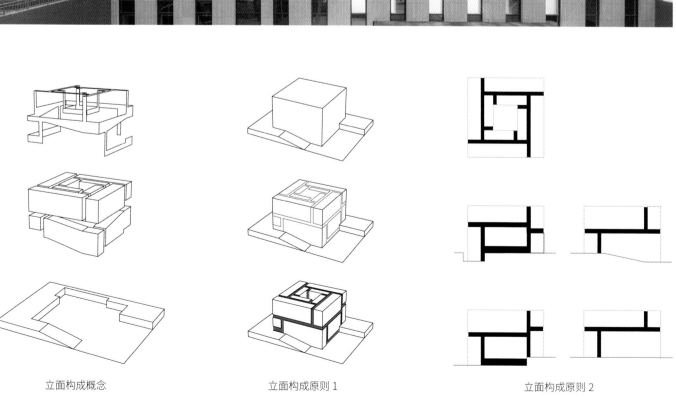

立面构成概念　　　　　　　　立面构成原则 1　　　　　　　　立面构成原则 2

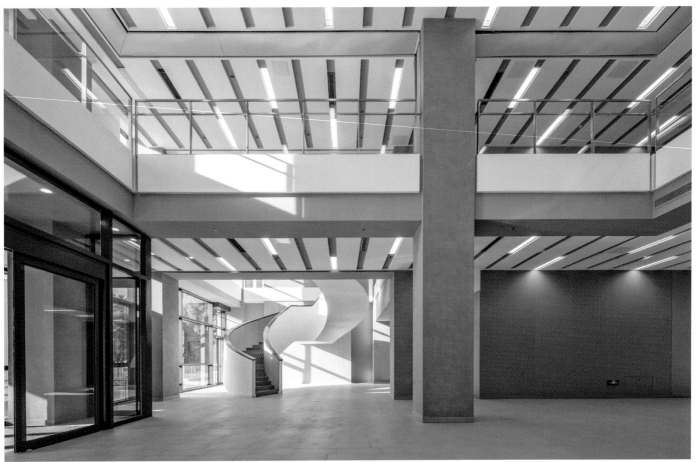

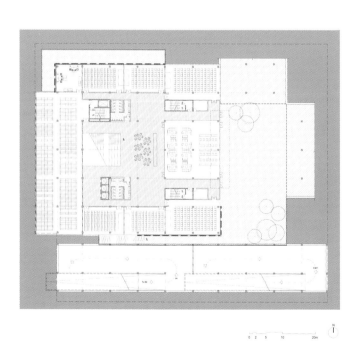

地下一层平面图

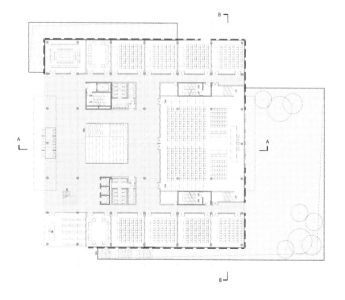

一层平面图

二层平面图

四层平面图

项目地点：加拿大，温哥华
完成时间：2016 年
建筑设计：提贝尔建筑事务
所（Teeple Architects）、幕前
建筑与室内设计（Proscenium
Architecture & Interiors）
摄影：安德鲁·拉特雷尔
（Andrew Latreille）
面积：14,586 平方米

兰加拉学院
科技楼

设计理念

科技楼大胆的悬臂形式为兰加拉学院温哥华主校区打造了一个标志性门户。该设计让学院的科学项目首次集中在一起，通过创建各种各样的社会和学习空间，并注重视觉和物理的相互联系，促进了社区的发展。项目的基本目标是通过为提供各种令人振奋的协作环境来提升学生体验，并强化校园的连通性和学院在城市中的形象。

场地

针对严格限制的场地及相邻的场地情况，广泛的项目需求，以及希望保持现有的室外空间和视野的愿望，项目的建筑师与结构工程师共同开发出悬挑式结构解决方案，让建筑体盘旋在学院的主要入口车道上方。由此产生的 16.1 米高的悬挑框出了校园入口，富有动感地呈现出学院前瞻性教育愿景。这座地标性建筑既标志着从附近的轻轨交通进入校园的主要入口，也定义了学院入口前院的西部边缘。

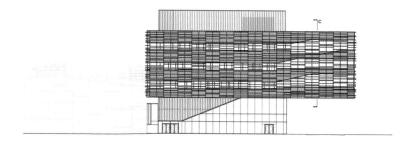

北立面图

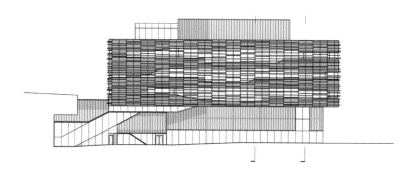

东立面图

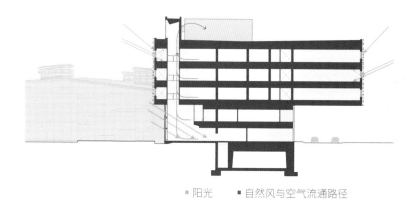

■ 阳光　　■ 自然风与空气流通路径

剖面图

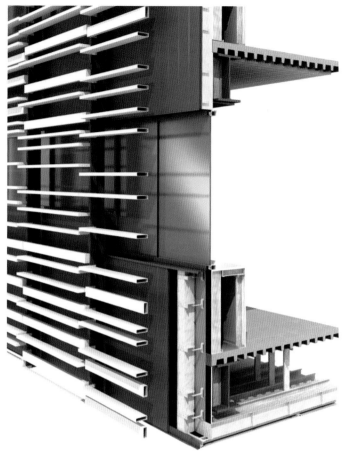

建筑表皮

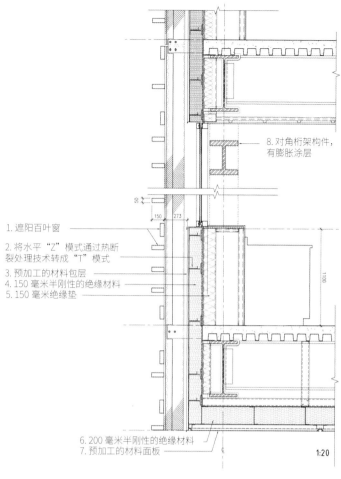

8. 对角桁架构件,
有膨胀涂层

1. 遮阳百叶窗

2. 将水平 "Z" 模式通过热断
裂处理技术转成 "T" 模式

3. 预加工的材料包层
4. 150 毫米半刚性的绝缘材料
5. 150 毫米绝缘垫

6. 200 毫米半刚性的绝缘材料
7. 预加工的材料面板

1:20

建筑表皮细部图

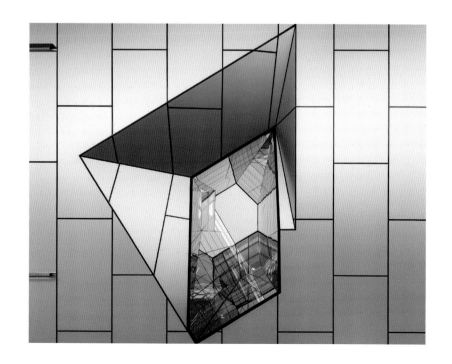

创新

项目建造费用约为 26 美元 / 平方米,是通过客户、施工经理及各建筑行业的紧密合作,以及创新及细致的设计所实现的。从西珀姆(Semper)的艺术形式和核心形式的理论中获得灵感,建筑展示了夸张的结构,要么直接展示结构钢材,要么透过饰面暗示其形式,成本效益显著。结构体验是设计的核心:屋顶圆孔的设计贯穿了建筑的三层悬挑结构;大堂和展示柜均采用了整体彩钢结构;内部石膏板墙面富有雕塑感地显露出下层的结构组件。被透光孔所包围的多层 "旋涡" 休息室是一系列非正式的学习空间和一个开放式楼梯,它吸引着学生穿过建筑,并将学生活动作为学院的面貌呈现出来。

细部设计与可持续性

项目的细部设计聚焦于视觉连接性和特殊的热力
性能。"雕塑墙"定制百叶窗系统形成了一层面纱,
将校园、周围社区和遥远的北岸山脉的景观连接
起来,同时也实现了可用自然光的最大化。在内部,
大面积的玻璃和多层的挑空使得人们从各层乃至
教学空间内都能清晰地了解到建筑内部的交通。

可持续的策略融合了高性能外墙结构(包括热分
解立面、散射日光的聚碳酸)和创新的能源管理
技术。该机械系统首次安装了当地设计的创新能
源传递系统——"热量盒"(Thermenex-In-A-
Box),该系统可允许热再分配距离远远超过传统
的热回收系统。考虑到实验室建筑的能源消耗,
该系统显著降低了能源消耗和成本。在六层高的
天井中,利用自然叠加效应通风进行回风是建筑
空间体验的一个关键部分,可进一步减少机械系
统的应用。

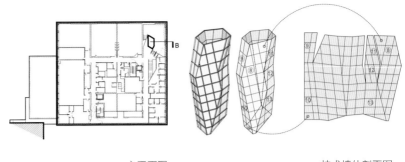

主平面图   技术墙体剖面图

1. 屋顶
6mm 2 层板沥青屋顶,采用高反照率覆盖层,完全贴
附在 4.5mm 的防护板上,机械固定在 13 个石膏覆盖层
上,通过 150mm 2 层刚性隔热空气屏障,机械固定在
76mm 钢甲板上

2. 外瓦楞金属墙
36mm 水平波纹金属包层,25mm 垂直 GALV. Hat 通
道 / 空气呼吸膜
152mm 矿棉绝热层
13mm 外护板 / 整体空气 / 蒸汽屏障
152mm 金属螺柱框架

3. 对角撑

4. 由钢刀板支撑的外部百叶系统,通过 13mm 高密度聚
乙烯热垫片固定在主体结构上

5. 将 8mm 硅胶釉面弯板焊接在 127mm×76mm/
102mm×76mm 的高强度钢结构上

6. 室外遮阳百叶系统
150mm 阳极挤压铝百叶窗,位于垂直挤压铝支架之间

7. 金属底
根据需要在结构上悬挂钢螺柱框架

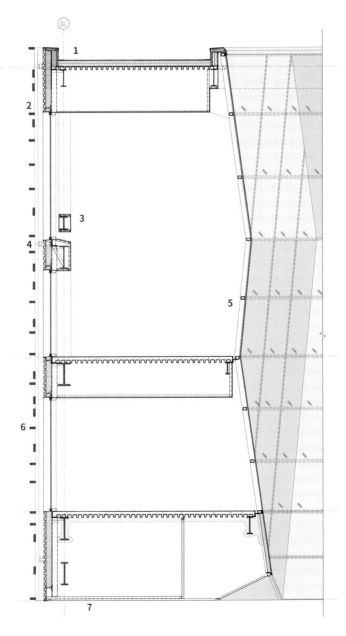

墙壁剖面细部图

主要材料

建筑最上面的三层选用了挤塑铝制百叶窗。这个"雕塑墙"百叶系统是由工程装配公司（Engineered Assemblies Inc.）开发的，它既提供了一定程度的遮阳，同时还将引人注目的悬挑上部楼层在视觉上统一起来。百叶窗的密度和方向与窗户的位置密切相关。铝百叶窗跨在垂直的高速钢翅片之间，这些翅片是由每层楼板上的热断裂的刀板连接固定的。雕塑墙系统与建筑外墙结构的无缝集成由船舶涂层及金属板公司（Marine Coating & Sheet Metal LTD）提供。建筑的第二层覆盖着CPI 四面墙，这是一种聚碳酸酯墙板系统，内部填充了半透明的隔热材料。该系统用于提供漫反射采光，同时满足建筑严格的热性能要求。

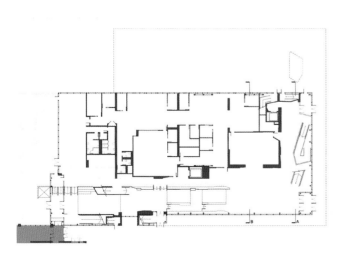

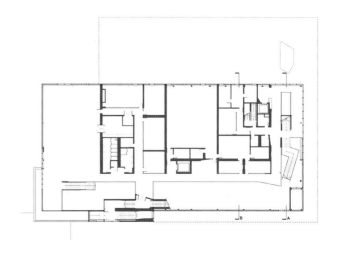

一层平面图   二层平面图

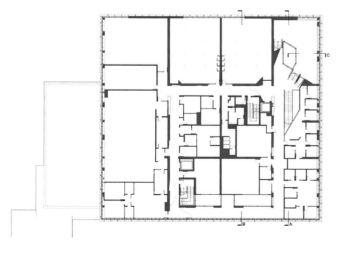

三层平面图

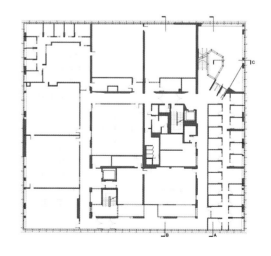

四层平面图

奥拉斯楼

项目地点：智利，圣地亚哥
完成时间：2016 年
建筑设计：奥斯瓦尔多·穆尼奥斯
（Osvaldo Muñoz）
摄影：费利佩·迪亚斯（Felipe
Díaz）
项目面积：5800 平方米
主要材料：主结构：钢筋混凝土；次
结构：钢材；天花板：木材；外墙：
玻璃、铝及纤维水泥板

设计理念

奥拉斯楼位于智利天主教大学圣乔肯校区的入口公园前面。在设计建筑时，它所处的环境是非常重要的。广袤的绿地和阔叶树应该是这个项目的一部分。因此，该项目与公园平行，通过开放的外墙正对入口。

为了实现北面外墙的轻盈感，使其公园融为一体，建筑的结构设计在项目开发中起着至关重要的作用。

柱子采用小截面和非正交线条，从而与环境类似，模仿树干来支撑建筑物。因此，建筑结构由南侧的支撑墙和北侧的大截面混凝土柱构成。后者被移离外围，使得北侧的所有结构看起来都像是钢柱支撑的。

楼面设计由北侧的大走廊和从外墙内凹的区域组织起来，这样就可以通过走廊看到全景。一层是自助餐厅、自修室等公共空间。楼上则是所有的教室，地下有三个礼堂。

在能源效率方面，屋檐构成了通往北外墙的走廊，为智利中部山谷的纬度提供了非常合适的太阳能防护。

南外墙 40 厘米厚的钢筋混凝土墙不考虑保温，因为它具有良好的热惯性，能够分散内部教室所产生的热量。

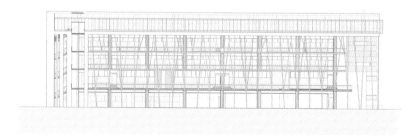

北立面图

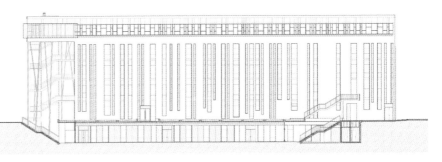

南立面图

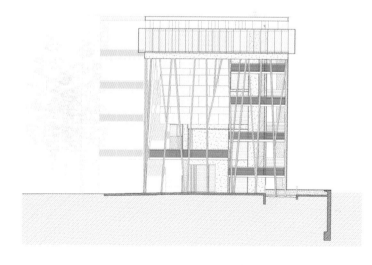

西立面图

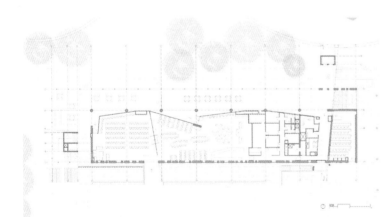

一层平面图

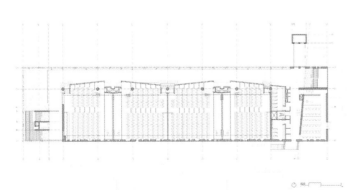

二层平面图

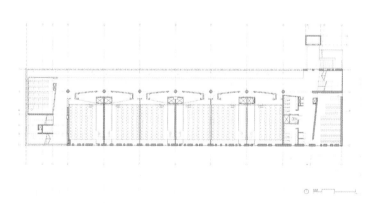

三层平面图

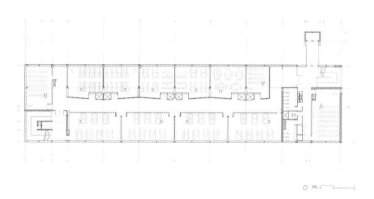

五层平面图

项目地点：德国，杜塞尔多夫
完成时间：2017 年
建筑设计：JMH 建筑事务所
负责合伙人：尤尔根·梅耶·H、汉斯·施耐德
项目团队：安娜·阿洛索德瓦尔加、摩尔达德·马歇尔、维科·霍夫曼
委托方：贸易与产业教育中心
摄影：大卫·弗兰克、帕特里夏·帕里尼贾德
占地面积：约 8000 平方米
总楼面面积：6000 平方米

德国埃森经济管理应用科技大学杜塞尔多夫校区

设计背景

非营利性大学埃森经济管理应用科技大学是德国最大的私立大学。埃森经济管理应用科技大学在德国及海外拥有超过 24 个学习中心，招收 21,000 多名在职学生、培训生和学徒。埃森经济管理应用科技大学杜塞尔多夫校区的新建筑为不断增长的入学人数提供了必要的空间。

设计理念

"勒卡迪亚中心"是一个新规划的、几乎已经完工的混合用途区，前身是社区中心的一个废弃货运站。这里就是埃森经济管理应用科技大学杜塞尔多夫校区的新址。大楼可容纳约 1500 名学生，建筑设计中反映建筑物内的铁道、桥梁、坡道及行人接驳等设施的基本情况。它的一层通过一个突出的平台连接到一座桥上，在不同的层次之间建立起联系。外楼梯和防火梯的阳台实现了建筑内紧凑的交通。

在大楼里，一些曲形阳台与室外楼梯相连，使上层的逃生路线更有效率。建筑物的内部通向富有雕塑感的楼梯，穿过宽敞的门厅向上，与礼堂层相连。行政区和学生信息中心与学术区隔开，设在第四层。

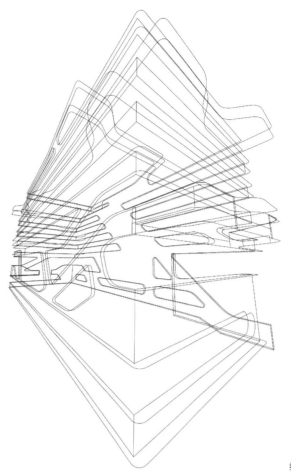

线框模型概念图

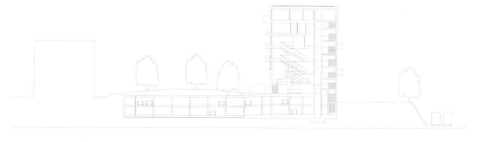

剖面图 A

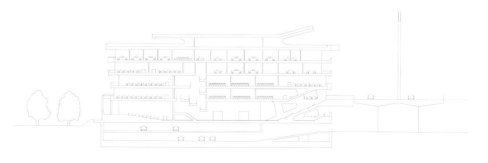

剖面图 B

停车场

埃森经济管理应用科技大学四周环绕着一个 8000 平方米的地下停车场，停车场共有两层，有 360 个车位。另有一个潜在场地用于未来的扩建。

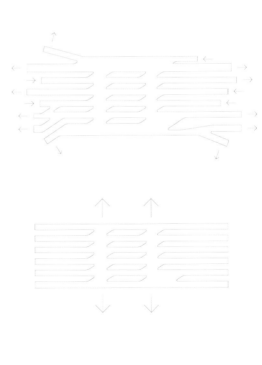

建筑立面概念图

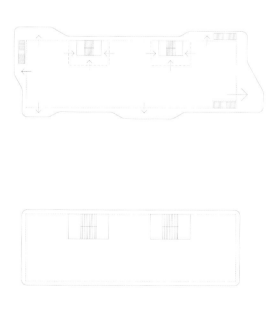

楼层分解图

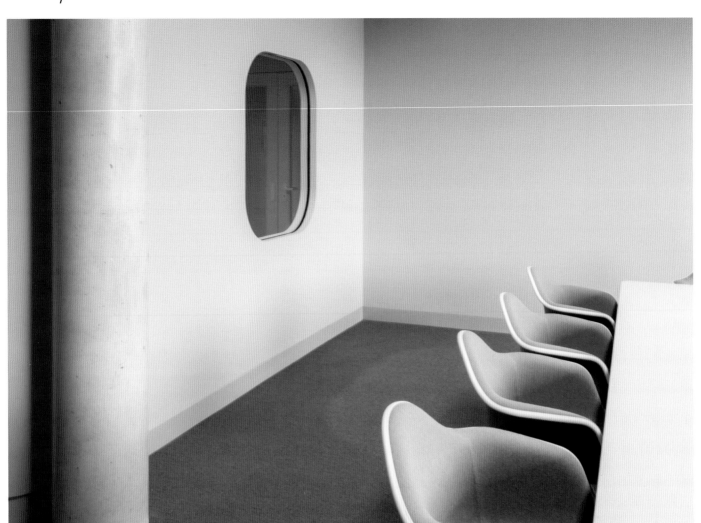

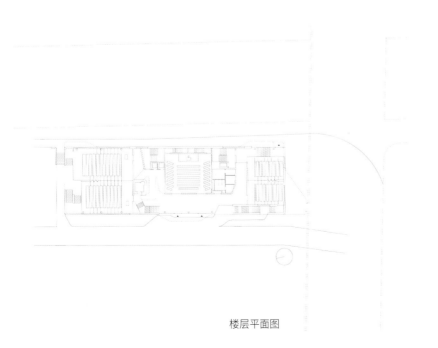

楼层平面图

项目地点：墨西哥，新莱昂州，
蒙特雷市
完成时间：2017 年
建筑设计：Sasaki
业主：蒙特雷科技大学
摄影：乔治·塔博达（Jorge
Taboada），帕科·阿尔瓦雷兹（Paco
Alvarez）
面积：17,000 平方米

蒙特雷科技大学
新图书馆

项目背景

Sasaki 最初与墨西哥蒙特雷科技大学的合作，是要研究如何将始建于 1969 年的图书馆改造成一个更合时宜、且能促进互动合作的学术中心。在研究过程中，团队发现图书馆大楼实际上需要进行抗震升级措施，这不但牵涉高昂的成本，也会严重局限大楼的灵活性。校方于是邀请 Sasaki 合作进行建筑设计，务求在墨西哥打造一所顶尖的学术图书馆。

新图书馆大楼在原址建筑，在历史色彩浓厚的校园核心区显得分外瞩目，占地面积虽然维持不变，但功能内容却比从前增加不少。基地左右两侧是拉斯卡雷拉斯花园和蒙大创始人纪念广场，新建筑选址于此，大大有助于保留这两个场地美丽而悠久的景观。

在功能配置方面，新馆藏书量达 15 万本，除结合了包括塞万提斯图书馆（Cervantina Library）在内的两个特殊馆藏图书馆之外，也带来多间全新的教学实验室，其余适用于个人和小组的研习空间例如共用阅读区、协作学习空间、阅读室、自习和研究室等也一应俱全。其余内容则有学生生活空间、餐饮小吃店、创客空间和大学书店。

位于校园中央的透明建筑结构夺目耀眼，就好似在森林般的一幢树屋。大楼从地面抬升悬浮，两条主要人行道把人们带到偌大的有盖广场，形形色色的校园活动激活广场的气氛，并蔓延至上方的图书馆，生活与学术气息相交相融。

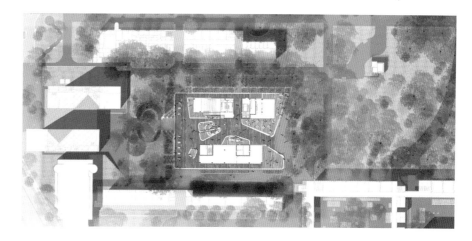

图书馆总平面图

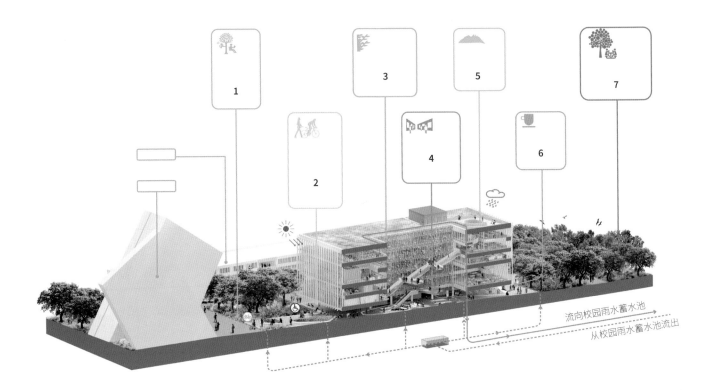

流向校园雨水蓄水池

从校园雨水蓄水池流出

无障碍校园
无障碍校园，适合所有人在园区自由活动

节能立面
经过特殊设计的外墙系统，可以阻挡夏季的强光，还可以让冬季的阳光照入室内

连续性景观
户外景观横穿建筑下方，连接 CTEC 楼和卡拉斯花园，从地面到屋顶露台均有景观设计

微气候
树木的种植和绿色。在庭院中种植绿树和草坪营造出一种凉爽的微气候

雨水蓄积
将从建筑物和地面收集的雨水储存在宽大的蓄水池中。可以根据需要重新将水输送到图书馆用于灌溉

图书馆可持续设计图

1. 学习园地
一个户外学习区，学生们可以在茂密的树丛中学习。

2. 学习长廊
一条方便步行的走廊，贯通园区的南北，是一个很好的户外学习区。

3. 活动屏风
活动屏风遮住了建筑的内部空间，为庭院一侧的立面提供了生趣。

4. 庭院
户外露台上配置学习座椅，学生们可以很好地利用这个位于中心区的户外学习空间。

5. 屋顶露台
人们可以在屋顶这个开放空间欣赏远山的景色。

6. 花园咖啡厅
可以俯瞰卡拉斯花园的室内外咖啡馆。

7. 卡拉斯花园
毗邻图书馆的校园开放空间。

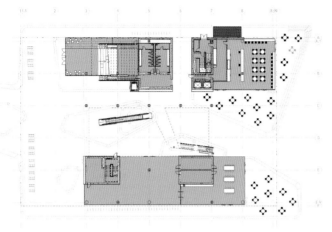

一层平面图

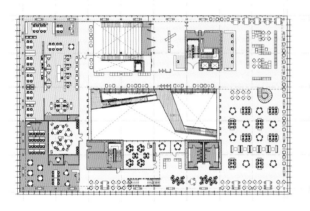

二层平面图

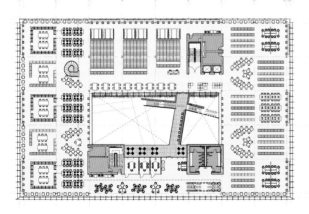

三层平面图

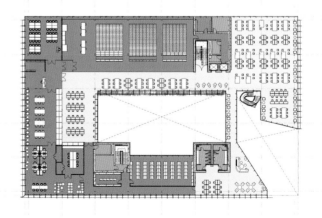

四层平面图

设计理念

新馆的设计概念强调透明度和通行性，与昔日倾向保守、封闭的面貌形成鲜明对比。访客流线重新规划之后，由有盖广场作为开端，借由一系列穿插围绕中央庭院的楼梯和扶梯通往图书馆。人们在多条蜿蜒曲折的路径穿梭行进，犹如行云流水一般自由地发掘当中种种功能和空间。

为使新图书馆大楼在未来投入使用后保持高度灵活弹性，楼层采用开放式平面布局，立柱数量因而减至最少。在建筑物边缘的带状桁架不仅用以支撑楼板，也连接起各个垂直核心筒，在楼层的关键位置打造无柱空间。幅度跨越18米多的巨型悬臂发挥着重要作用，大楼借此被"吊挂"在半空，形成下方的有盖广场。双层通高空间是新馆的另一亮点，交替出现的夹层打开了成对角线的视野，内部庭院的风景映入眼帘，来往的人群则是一幅流动的画，为不同的楼层增添色彩。

名为"藏书盒子"的特色场地是新图书馆大楼其中一系列大型协作空间，这里实质上是安谧的研习和会面室，里里外外由藏书包围的设计，使书卷气息悠然散发。"盒子"上方的平台充当聚会和休闲空间，人们有机会在书海中暂时抽身，稍作歇息。沿着通行流线登上图书馆最高点，便是朝向拉斯卡雷拉斯花园的空中平台，居高临下，绿意盎然的校园与城市的街道景观尽收眼底，蒙特雷市最著名的希拉山如同壮丽的背景幕，格外令人神往。

项目地点：波兰，格丹斯克
完成时间：2016 年
建筑设计：华兹塔特建筑事务所
主创建筑师：克里斯托夫·科兹洛斯奇
摄影：彼尔德·克拉杰斯齐、沃洁奇·
柯林斯齐/WAPA
场地面积：7130 平方米
总建筑面积：8900 平方米
主要材料：铝玻璃外墙，铝板金属外墙、
穿孔铝板/不锈钢（独立设计），铝玻
璃隔断

格丹斯克大学生物技术学院

设计理念

建筑的形式由两方面决定：新建筑格丹斯克大学生物技术学院必须满足可以影响科学的工作质量的所有复杂的功能需求；建筑物必须是新大学校园中一个连贯的部分，并成为代表先进、专业科学领域的现代建筑的典范。

场地

项目场地位于大学综合体的良好位置，沿着其南部边界和新设计的道路。根据该项目的指导方针，新建筑使用了原有的化学学院的技术资源，如中央试剂库、技术气体库和特殊废物容器等。

建筑的几何造型由两种不同的形式组合而成：由柔和的线条和曲线构成的宽敞、明亮的镜面形式，包括礼堂、研讨室和一楼的其余部分；上层办公室及实验室的粗糙表面所构成的简洁形式，采用铝制系统制造，并设有细长的窗户，可有效遮阳。

位于屋顶的技术设备隐藏在钢百叶窗后面。在主入口前创建了一个具有代表性的入口区域，以强调建筑的范围和品质。

建筑的形式非常简单有效。它在场地上的位置和整体造型让原有的大学校园更加完整，是智能均衡建筑的典范。新建筑符合学院的所有要求，包括设有独立听觉厅的演讲厅、研究/科学实验室以及符合 BSL3 标准的专用实验室和办公空间。

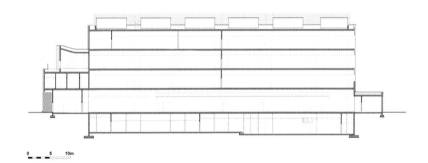

剖面图 XX

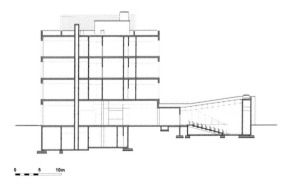

剖面图 YY

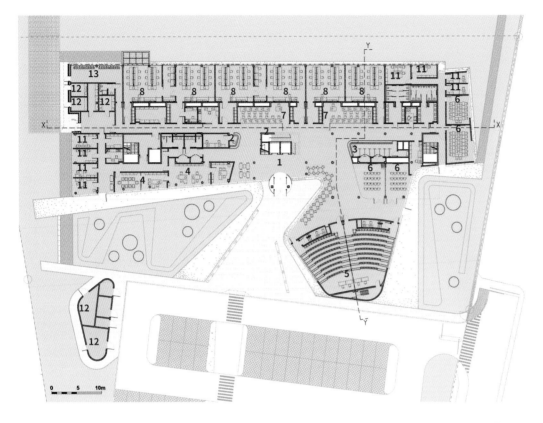

一层平面图

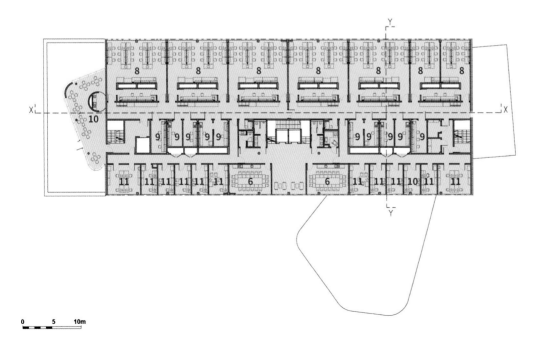

常规楼层平面图

1. 主入口大厅
2. 接待处
3. 更衣室
4. 教务处
5. 礼堂
6. 阶梯教室
7. 计算机实验室
8. 学生研究室
9. 实验室
10. 社交室
11. 办公室
12. 技术室
13. 自行车停车场

中国农业大学图书馆

项目地点：中国，北京
完成时间：2019 年
建筑设计：同济大学建筑设计研究院（集团）有限公司
设计团队：王文胜、李正涛、戴代新、龚思宁、郑诗颖、达米安
摄影：马元
面积：48,575 平方米
建筑主材：石材、玻璃、铝板

设计理念

中国农业大学图书馆位于东校区核心位置，地上 7 层，地下 1 层。建筑的平面呈规则矩形，平面的中心是中庭，为建筑内部提供顶光，地上各层的功能环绕中庭展开。

中庭内每两层都有阶梯连通，结合交通空间设置步行、阅读一体化空间，以巨型桁架结构的阶梯状体量穿插于各层之间，中庭空间层层错动，以趣味性的空间引导读者以慢速水平步行，代替快速垂直交通，最大限度增加人与人、人与书之间的接触面，营造出回环往复，不断攀登的"知识天梯"意象。

辅助房间与垂直交通核心组合，布置在内区，所有建筑外墙都留给阅览空间，实现良好的自然采光通风条件。沿外墙周边布置阅览区，内侧是书架区。三层和五层以阅览为主，四层和六层以藏书为主，同时收缩平面，形成边庭，为三层和五层的阅览提供更多的采光。

图书馆东西向以书架意象作为立面框架，外墙肌理模拟书籍堆叠，玻璃局部采用丝网印刷将甲骨文符号作为装饰元素点缀其间。北侧立面采用传统竹简为意象，参数化生成的石材杆件绵延起伏如一卷缓缓打开的秦简牍书，南侧立面采用现代图书条形码为意象，时宽时窄的实墙面营造室内丰富的光影效果，照顾到读者的不同阅读习惯，主入口书籍渐变错动的韵律与南侧体育馆立面呼应。

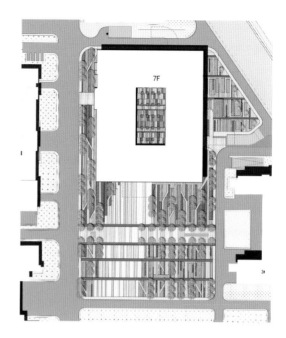

总平面图

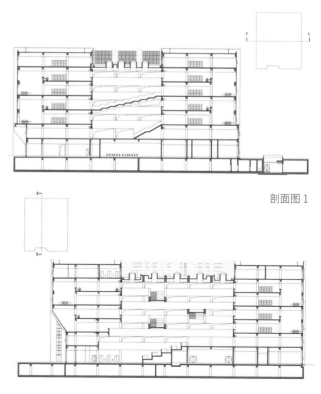

剖面图 1

剖面图 2

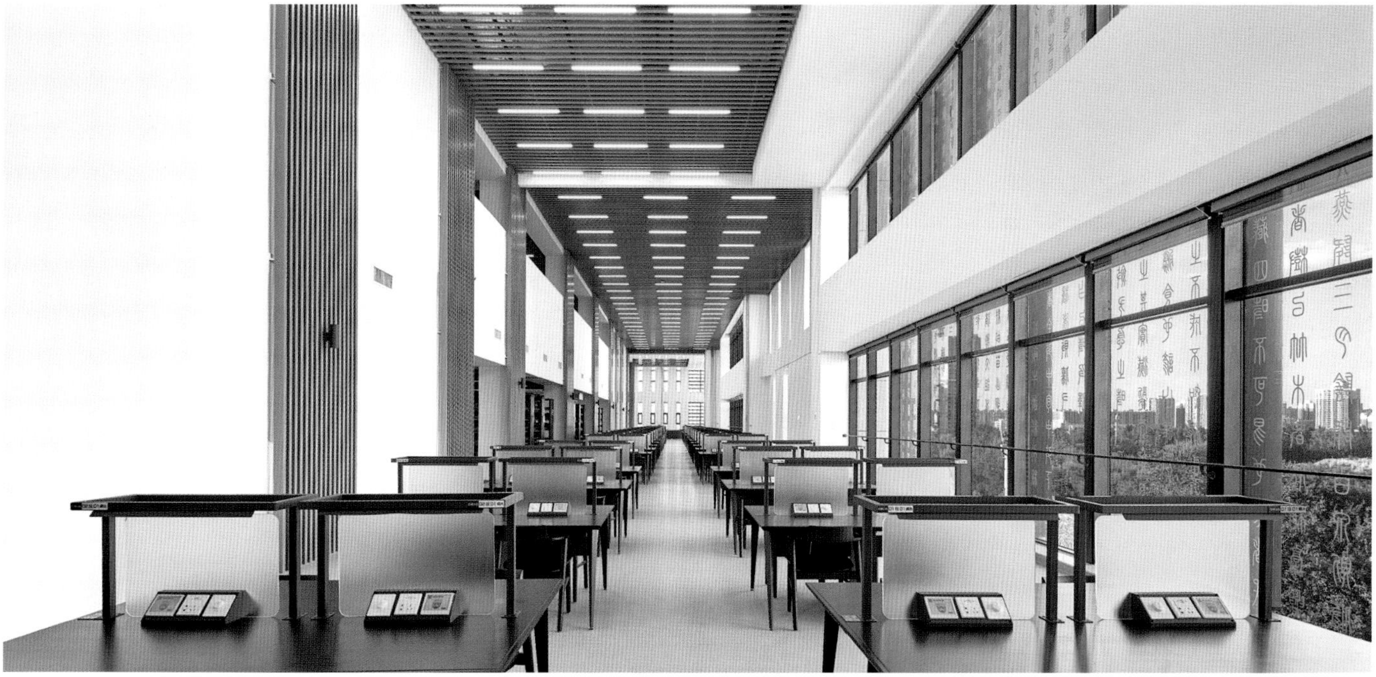

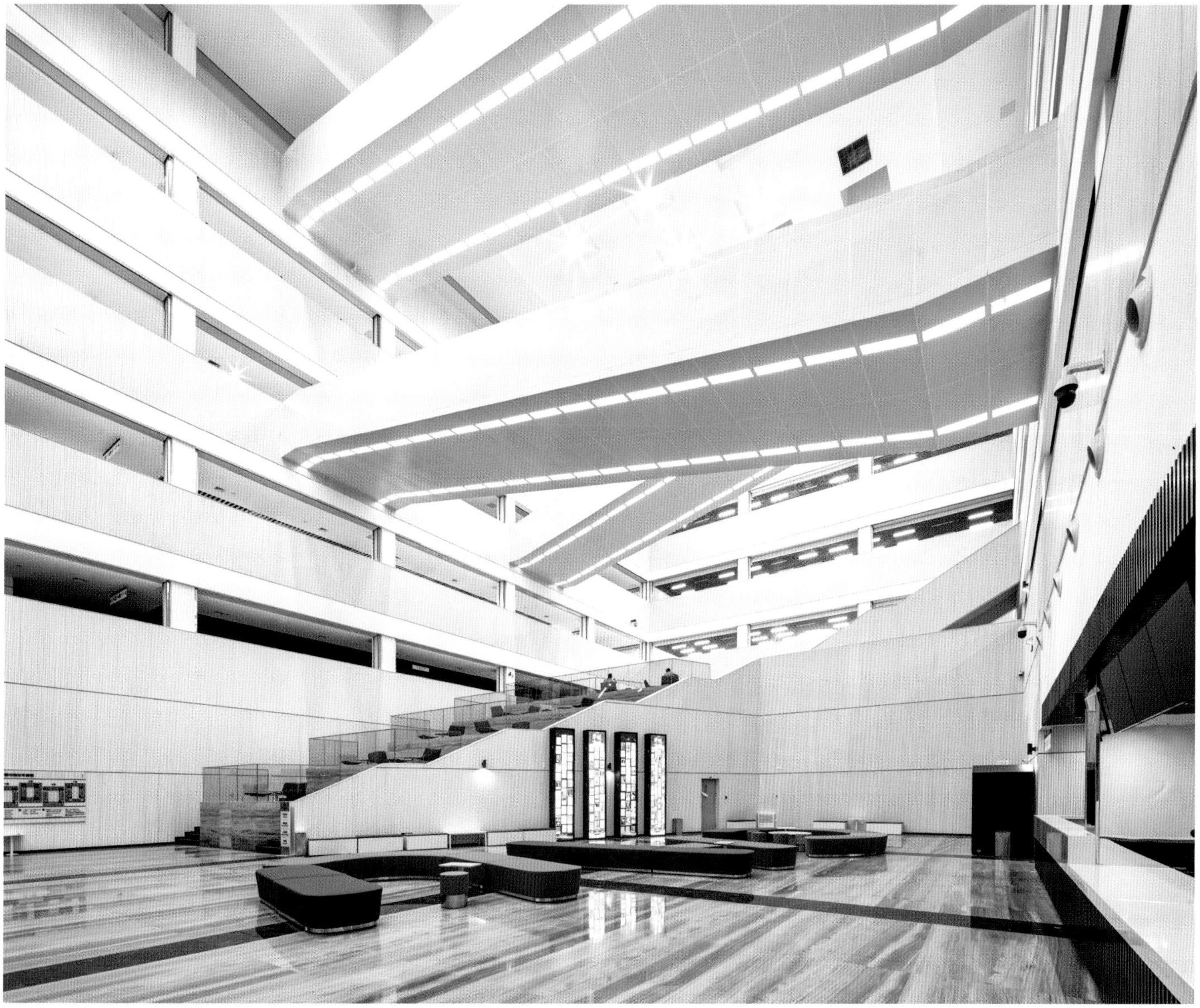

地下一层平面图

1. 汽车库
2. 下沉庭院
3. 设备用房

0 5m 10m 20m

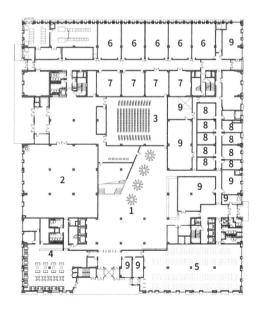

一层平面图

1. 中庭
2. 展厅
3. 多功能厅
4. 休闲阅览室
5. 自习室
6. 读者培训室
7. 研讨室
8. 声像室
9. 办公室

0 5m 10m 20m

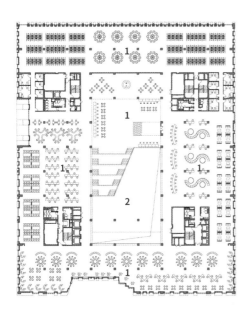

二层平面图

1. 阅览区
2. 中庭

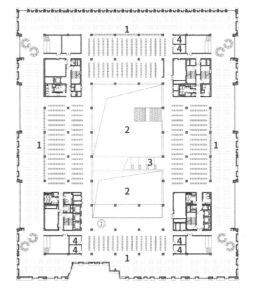

三、五层平面图

1. 阅览区
2. 中庭
3. 阶梯阅览
4. 研习室

0   5m   10m   20m

0   5m   10m   20m

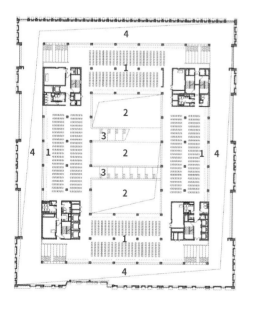

四、六层平面图

1.阅览区
2.中庭
3.阶梯阅览
4.边庭

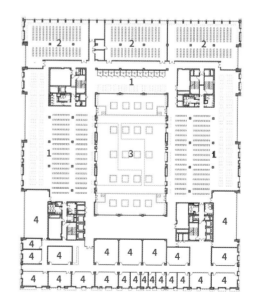

七层平面图

1.阅览区
2.古籍阅览
3.屋顶花园
4.办公室

O 大楼

项目地点：比利时，安特卫普
完成时间：2017 年
建筑设计：尼克拉斯·德步特与埃里克·索尔思建筑事务所、META 建筑工作室
主创建筑师：弗莱德里克·博加斯
设计团队：斯蒂金·埃尔森、西蒙·瓦雷奥、罗博·威斯林克
合作设计：斯特里曼斯·维基菲尔斯建筑事务所
景观设计：西 8 城市设计与景观建筑事务所
委托方：安特卫普大学
占地面积：8520 平方米

设计理念

META 建筑工作室、斯特里曼斯·维基菲尔斯建筑事务所与德拉克贝尔公司合作，共同为委托方安特卫普大学在德里埃肯校区中央建造完成了一座礼堂与研究楼。O 大楼有两个宽敞的入口，里面容纳着 8 座礼堂、2 间显微镜室、1 间生物研究室和 1 间实验室，并且为复印服务和 216 辆自行车提供了空间。

大楼内拥有以下院系：医学和健康科学、药理学、生物医学、兽医科学以及生物学。这些院系以前分布在安特卫普的几个校区，现在教师和学生都被聚集在同一座大楼里。

艺术家佩里·罗伯茨在校园艺术中的重要作用

通过佩里·罗伯茨（英国）的作品，艺术融入了这个项目。一张学生和教师的照片被打在金色铝制面板上。类似传统课堂照片，图像被光栅化成 5 种不同直径的圆点。数控技术的运用使得多块不同面板的生产更为简易。近距离观察，图像似乎是抽象的，但在远处就能看清。

植被与环境

德里埃肯校区位于威尔里克第六堡遗址的最高点。在历史的进程中，几次改造措施将已建成和未建成的景观塑造成了如今的形象。不同的设施及其配套设施分散在整个地区的各个角落，有着不同的氛围。森林、林荫道和网格道路在其中比较引人注目。

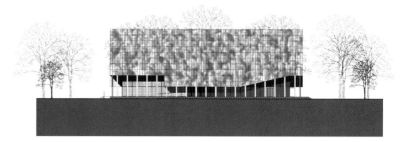

立面图

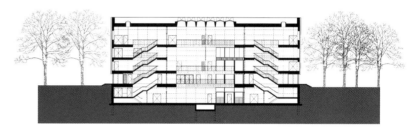

剖面图 AA

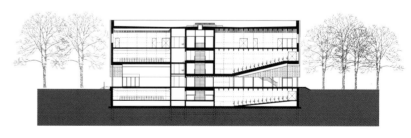

剖面图 BB

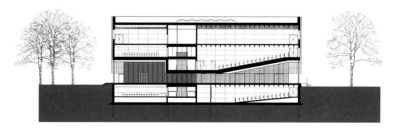

剖面图 CC

结构工作即是装饰工作

META 还采用了"结构工作即是装饰工作"的原则。通过对基本结构的特别关注，可以免去几层涂饰。通过对结构的重视，设计得以省去了几层装饰，最终建造了一座坚固、不受学生影响的建筑。室内采用黄松木夹芯板、针毡地毯和高度抛光的不锈钢。进入建筑后，材料坚固的质感产生了令人愉悦的协同作用。

耐用的外壳

作为其长期愿景的一部分，安特卫普大学基础设施部门非常重视可靠且隔热良好的外壳。空间的紧凑型以及多层隔热层的合理运用，使建筑的热导系数 U 值较低，从而得到了良好的 K16 等级。在气密性的最终测试中，该建筑仅低于被动标准。

光线最大限度地穿过金色穿孔铝板进入悬浮的空间

通过将底层立面向内凹嵌到一个模块的深度，就可以打造一条室内通路。悬浮的空间被金色穿孔铝板包围住。穿孔铝板是礼堂、显微镜室和实验室的固定百叶窗。这一设计使得柔和的过滤光渗透到建筑内，同时又不阻挡向外的视野。三层的铝板可以打开，让光线最大限度地进入。建筑外墙、室内通道的天花板和门厅都采用了相同的材料，形成了悬浮空间的效果，在漫天的夜光中，过往路人得以一瞥里面的风景。

中庭

教育建筑不仅仅是在基础设施中插入教室和行政空间的功能布置。人们不是通过简单的听课或通过知识的传递来学习的。他们需要激励，而且在很大程度上，学习是通过伴随知识处理的社会互动而发生的。

在这一原则下，建筑师在大楼的核心处创建了一个中庭，该中庭既是会议场所，也是组织大楼功能的重点。它是一个令人愉悦的场所，人们可以非正式地聚在一起，还可以激发灵感，是思想成型的地方。

可读性建筑中的镜像对称

O 大楼是一个明亮而紧凑的结构，一方面，它在校园中引人注目，另一方面，它却又不会占用太多空间。

"确认"与"整合"之间的平衡，以及 O 大楼的统一作用，共同促成镜像对角线双入口的设计，赋予了两侧入口同等的重要性。四个礼堂的正负一层都围绕着中央的中庭而设置，中庭巨大的天窗允许天光穿透，直达地下。底层提供共享功能、大型入口及会议室。四个紧凑型楼梯井提供最短的交通路线和快速消防疏散通道。顶层（三层）则留给了实验室和显微镜室。

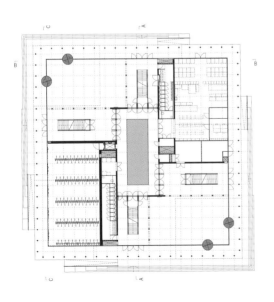

一层平面图

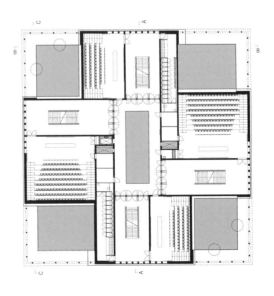

二层平面图

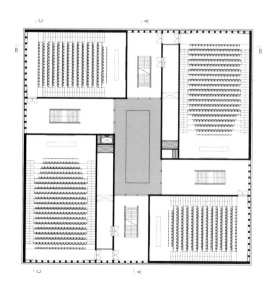

三层平面图

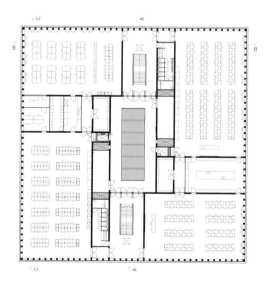

四层平面图

项目地点：捷克，奥洛穆克
完成时间：2018 年
建筑设计：atelier-r 建筑事务所
主创建筑师：米罗斯拉夫·博斯皮希
尔（Miroslav Posp í šil）
投资方：帕拉克大学奥洛穆克校区
摄影：卢卡斯·珀利齐
总建筑面积：3875 平方米

帕拉克大学
奥洛穆克校区
体育学院

设计理念

整个建筑群由四座建筑物组成，由于资金要求，它们被分成两个独立投资的项目。一个是位于帕拉克大学奥洛穆克校区体育学院附近的巴罗应用中心，由 3 座新建筑组成，即 SO.02 连接通道、SO.03 测试厅和 SO.04 测试泳池。下一个施工阶段将对一家旧洗衣店进行改造和扩建，使之成为帕拉克大学奥洛穆克校区体育学院的 SO.01 亲属人类学研究中心。这四座建筑共同构成一个运营体。

建设的基本目的用于体育和医学研究，以及相关的教育过程。连接通道构成建筑群的主入口。楼下是小吃店、前台和娱乐空间。从这里可以进入其他建筑物，体验游泳池、宽敞的健身房、体操大厅、攀岩墙（室外和室内）、滑雪模拟器、原型工作室、测试实验室、研究工作室以及必要的卫生、行政和运营设施。

建筑群是由四个简单的块状结构组成，在运营和使用上各有不同。它们之间最明显的区别是外墙所运用的材料。测试厅的外墙采用生混凝土，配置攀爬架；测试泳池外墙是木板；亲属人类学研究中心外墙是陶瓷条； 而连接通道与其他建筑相连，正面采用了玻璃墙面。这样一来，建筑块形成了一个便于理解的组合。生混凝土、木材和玻璃这几种同样的材料在室内外都起到了重要的标志作用。

剖面图 AA

1. 办公室
2. 天窗
3. 天井
4. 社交空间
5. 会议室
6. 植物种植室
7. 洗手间
8. 储藏室
9. 电气室

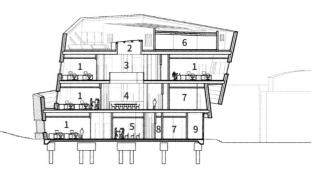

剖面图 BB

1. 屋顶露台
2. 办公室
3. 储藏室
4. 楼梯间
5. 布线中心
6. 淋浴间

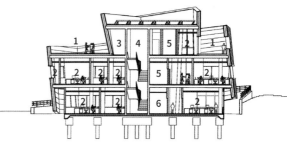

剖面图 CC

1. 办公室
2. 庭院
3. 楼梯间
4. 楼梯大堂
5. 天井
6. 社交空间
7. 会议室
8. 植物种植室
9. 电梯间

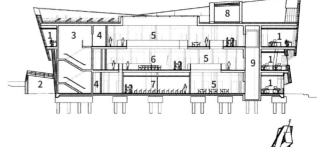

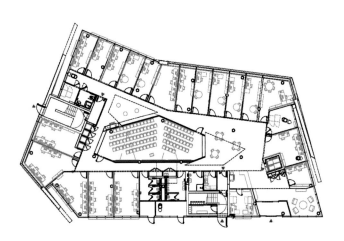

一层平面图

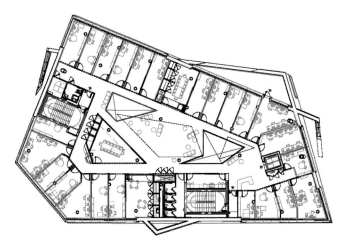

二层平面图

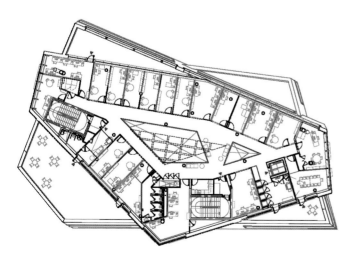

三层平面图

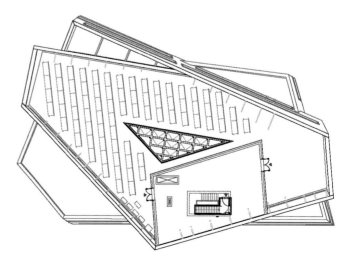

四层平面图

项目地点：美国，爱荷华州，佩拉
完成时间：2015 年
建筑设计：诺依曼·蒙森建筑事务所
景观设计：丹尼斯·雷纳德城市设计
摄影：阿梅隆·坎贝尔综合工作室
总建筑面积：2137 平方米
主要材料：四面结构密封玻璃幕墙，
隔热玻璃，60% 陶瓷砂覆层及 PPG60
系列透明太阳能板，CPI 国际 / 四墙
大跨度透明无光泽五金拉丝双面板

佩拉职业学院

设计背景

佩拉职业学院占地 2137 平方米，提供灵活的职业工作室和教室，是当地学区、社区学院、私立学校及地区产业之间合作的独特产物。各年龄段的学生通过科学、技术、工程与数学（STEM）教学获得对当地经济至关重要的技能，这是一种集科学、技术、工程和数学于一体的应用教学法。

设计理念

这座建筑位于原来高中的西北侧，依地形而建，将土方工程降至最低。对普通建筑材料的精细运用明显提升了这座郊区公立学校的设计水平。建筑材质和体量具有中西部实用的敏感性，从简单的造型、整体的平面和跨越的玻璃中衍生出特征。职业学院的设计细节与执行的标准体现了以技术为中心的课程，肯定了职业生涯路径的价值。它自信的造型语言与学院的使命是一致的，旨在逐步重新塑造未来。在这里，学生们学习技能，并在此基础上开展事业生涯和建造社区。

建筑可持续发展的核心在于其持久的灵活性。该结构可以进行调整以适应一系列其他的用途，以便于今后的改造。通用教室提供多样化的课程，最大限度地发挥潜在的作用，并确保长期的价值。双层楼高的主通道不仅能组织空间、采集日光，提供视野，还能让人轻松进出各色教室和工作室。每间工作室都与外部直接相连。

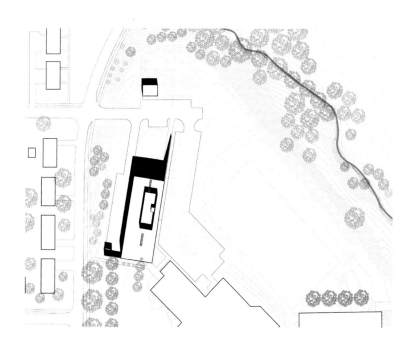

总平面图

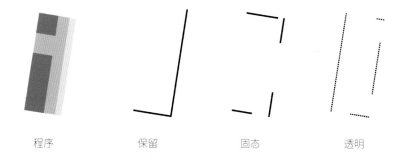

程序　　　　　保留　　　　　固态　　　　　透明

分解图

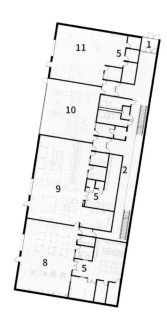

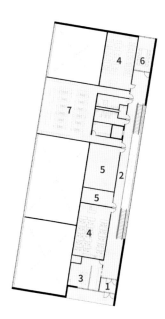

1. 前庭
2. 走廊
3. 行政办公室
4. 教室
5. 辅助空间
6. 会议室
7. 信息技术室
8. 工业技术车间
9. 焊接 + 高级制造车间
10. 农业科学室
11. 汽车修理间

一层平面图   二层平面图

项目地点：波兰，卡托维兹
完成时间：2017 年
建筑设计：BAAS 建筑事务所、5 团
建筑事务所、梅乐西·毕友罗项目公
司
摄影：雅各布·瑟托维斯、阿德里亚·
古拉
面积：5400 平方米
主要材料：砖、木材、混凝土

西里西亚大学
广播电视系

设计背景

该项目由来自巴塞罗那的 BAAS 建筑事务所和 5
团建筑事务所设计，他们在卡托维兹西里西亚大
学广播电视系的设计竞赛中获得一等奖。建筑许
可项目和建设项目是由 BAAS 建筑事务所、5 团建
筑事务所和来自卡托维兹的梅乐西·毕友罗项目
公司联合完成。

设计理念

项目可用区域的最大一部分与宝拉街相邻，使建
筑靠内的部分更低，从而更好融入了原有建筑的
尺度之中。当代的敏感性迫使我们保留原有的建
筑，并将其融入设计中。这延续了城市的肌理。

新的建筑立面与现有的砖砌结构相同，使新建筑
与原有建筑在视觉上联系起来。

开放式的砖砌空间给人一种抽象而独特的感觉。
上面楼层的墙壁使光线进入建筑，在视觉上隔离
了内部空间创造出一种安静和专注的氛围。在这
个空间中，建筑的主入口似乎是从建筑主体中凿
出来的一样。玻璃入口大厅连接着街道、被改造
成图书馆的原有建筑以及新结构的靠内的部分。
主入口为中庭和楼层之间的连接提供了内部通道。

立面手绘图

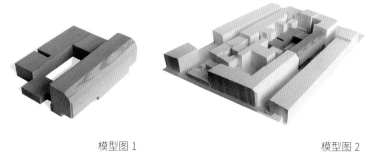

模型图 1   模型图 2

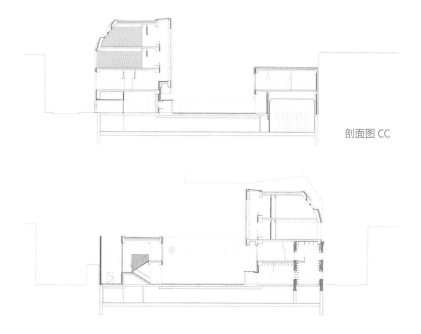

剖面图 CC

剖面图 DD

建筑主入口和内庭之间的清晰连接有助于将外部街道空间引入建筑，并将大学带到外面的空间。

西里西亚大学的新广播和电视系位于一片空地上，属于卡托维兹的混合区域。该地块几乎是空的，里面有一座废弃的建筑，业主最初计划拆除它。

该项目保留了原有建筑，并在保护老建筑特色的基础上对其进行了扩建；项目还包括一个位于街区内部的较低建筑，使得中央庭院变得至关重要。

设计旨在体现原有的建筑美学并借鉴其材料和视觉价值，在原有建筑上方建造了一个抽象的砖砌结构，与附近建筑的剖面相一致。

设计师的目标不是建造一座标志性结构，而是补全城市中特定的碎片。他们需要分析已存在的元素，发现它们的特色并赋予建筑独特的氛围和个性。在这种情况下，新建筑应该成为一个背景，为原有城市空间自然地添加装饰。

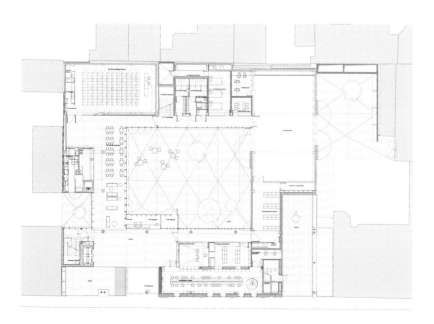

这座建筑填充了卡托维兹圣保罗街的街区和街面，与周围的大面积出租房屋相匹配。它的装饰和颜色都参考了同一街区内的西里西亚多户煤矿工人住宅（在建筑竞赛中，这片住宅被建议拆除）。基本设计包含将现有建筑物保留并集成到新建的广播电视系建筑群内。通过模仿周围建筑的顶楼和运用与老式建筑类似的瓷砖，建筑外墙巧妙地融入了街道，与老式建筑材料保持了联系。

一层平面图

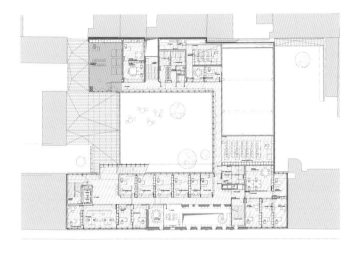

二层平面图

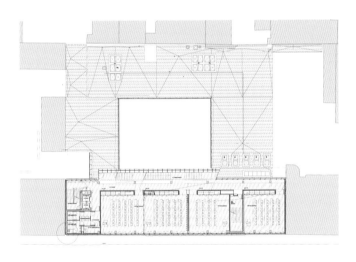

三层平面图

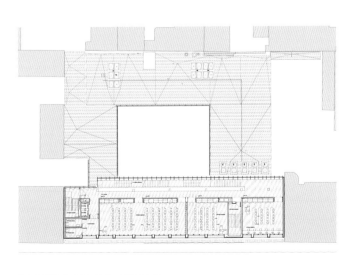

四层平面图

建筑外墙由成百上千块镂空的小瓷砖组成，构成了设计的主要理念，即对传统西里西亚住宅的现代欧式表达。外部的镂空结构类似一种"网格帘"，在建筑外面覆盖了一层屏障。这是伊比利亚式外墙设计的一个分支，主要用遮阳板保护建筑。在这里，这种理念被转化成当地建筑、现实和环境所构成的一首诗篇。外墙的细部设计在整个设计过程中不断进化。竞赛设计图显示砖块镂空排列。而设计阶段则选用了穿孔剖面——瓷砖砌块能让更多的阳光进入建筑。

陶瓷元素一直贯穿于建筑物的几乎所有部分，不仅是在外墙，而是主要在内部空间，构成了基本的风格联系。在欧洲最后一批以煤为燃料的窑炉中，砖被分阶段烧制，有着细微的黑色烧结和色彩差别。陶瓷质感深入到大学内部，营造了独特的氛围和光感。镂空的砖墙提供了一个独特的抽象空间。光线通过电视一样的瓷砖渗透进来，照亮所有结构空间，在一天之中的各个时间段营造出不同的效果，也将方块投射到相邻建筑的墙壁上。光线漫入主庭院，同时在临街的房间里提供了几乎令人沉思的宁静。电影制作人或摄影师应该在那里体验由光所产生的强烈的情感震动，这种震动将下意识地帮助教育学生，激励他们并开发他们的敏感性。

建筑物入口区域与内部露台之间的清晰连接使街道融合到建筑物中，也使大学走进了街道。主入口还是引导中庭周围和楼层之间交通的通道。内部露台坐落在老房子的后院和扩建处，使它们向公众开放。从露台上可以看到的直线楼梯横跨建筑物，为学生提供课后见面的地方。明晰的设计让露台可以看到所有运动，就像在观看临时演员所表演的电影一样。

对设计师来说，最大的挑战是认可被破坏的古建筑纹理的美丽，它是对历史无声的见证。设计师应邀请它共同创造新的空间，可以将其并入新建筑，或是向邻近建筑物的内部庭院和屋外开放视野和玻璃表面。

地点：中国，合肥
完成时间：2018 年
设计师：同济大学建筑设计研究院
（集团）有限公司 & 上海道辰建筑
师事务所
主创设计师：王文胜、陈强、周峻、
叶雯
摄影：吴清山
项目面积：15,370 平方米
主要材料：外墙涂料、清水混凝土、
铝合金、木饰板、小青瓦、青砖

安徽大学
艺术与传媒学院
文忠路校区美术楼

设计理念

徽派建筑的高墙深院，营造一方内向世界，成为
人与自然沟通的媒介。安徽大学艺术与传媒学院
校园采用"新徽派艺术聚落"的主题，以一种当
代的视角探讨艺术院校的特质和本土建筑的特征。
美术楼紧邻校园主轴线，周边自然景观优越。

院落的封闭与开放
建筑主体采用方整内向的传统合院布置方式，合
院由于东西南北四个巨大的取景口而呈现为"风
车型"格局，化解了常规合院平面中阴角所带来
的不利，也让室内外景观产生更为积极地互动，
从而使静态的空间获得了某种动态感。

其中南侧取景口伸出悬空的栈桥，栈桥的轻巧开
放与合院的厚重内向形成了戏剧性对比，挑战着
人们的感官体验，凭栏远眺，感受空灵气息和周
边美景。

空间序列
由此形成张弛有致的建筑空间：从入口大厅进入
由报告厅围合呈横向展开的一层院子；报告厅的
厚实外墙如传统照壁般阻隔着视线，一侧的室外
台阶暗示着院子在竖向和纵向两个维度上的延展。

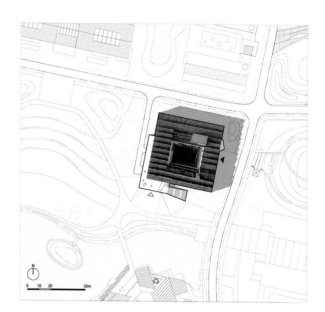

区位图

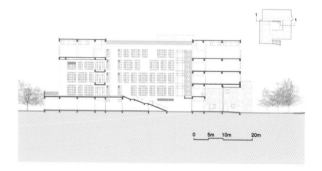

剖面图 1-1

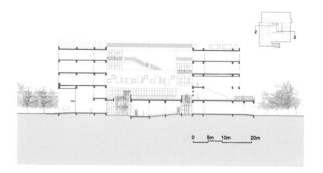

剖面图 2-2

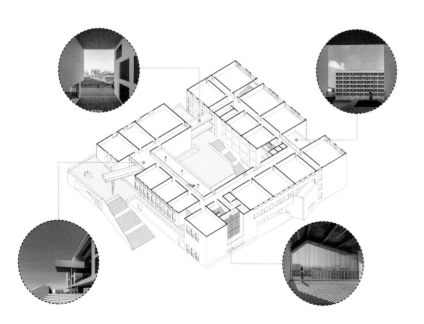

二层平台外侧

触摸着富于质感的混凝土墙面拾级而上，台阶被刻意收窄，尺度逐渐逼仄，视野却渐趋舒朗，上至二层平台，透过 3 层高的巨大洞口可遥望远处的专业楼群；穿过洞口来到平台一侧，视线被进一步打开而获得全景视野。

材质与屋顶

水平木纹混凝土、木饰板、铝合金格栅、灰砖、小青瓦，这些或传统或现代的材料融入建筑的白色主调，以回应传统徽派建筑的粉墙黛瓦。如厂房般几乎满铺的锯齿形北向坡顶天窗，将柔和的光线引入顶层每间画室，外观上获得了个性的表达，让建筑屋顶不仅传达了传统意向，也具有更为积极的现实意义。

细部解析图

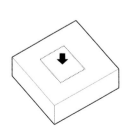 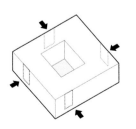 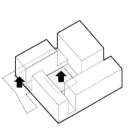 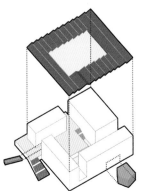 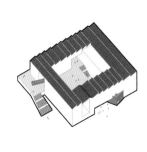

细部解析图

二层平面图

1. 门厅上空
2. 展厅
3. 内院上空
4. 室外平台展场
5. 创作工厂上空
6. 资料室
7. 专业教室
8. 画室
9. 摄影室

0 5m 10m   20m

项目地点：中国，重庆市
完成时间：2018 年
业主：混沌大学重庆分社
建筑设计：VARY 几里设计
主创设计师：齐帆、杨丁亮
设计团队：蔡志兴、蒋逸男
摄影师：存在建筑
建筑面积：520 平方米

混沌大学教学中心：
21 世纪的网络大学的实体空间

设计理念

本项目位于重庆市鹅岭印制二厂文创公园，坐落在鹅岭山地之上，拥有极佳的视野面朝嘉陵江。本项目是为混沌大学（一个 21 世纪的网络大学）在重庆打造的一个教学中心。如何打造一个新时代新形式的教育性空间是本次设计的挑战。

首先在设计决策角度，决定选取采用适应性设计策略，即选取现存有特色的半废弃建筑进行改造，而非新建；然后和混沌大学一起，选取了在网络上广受年轻人欢迎和喜爱、并且有着强烈工业化特质的鹅岭印制二厂文创公园；并将其中一栋沿江、有着辨识性极强的 11 跨连续拱顶的 7 号楼作为基础，对其进行改造和加建。

设计师们分析得出，网络大学的教学中心不再是单一性质的教学空间，而更多的应该是一种趣味性质的分享空间：不仅分享知识经验，而且交流爱好、游戏、食物等。于是在设计层面上，打破了传统的此类空间组织形式，反转使教学空间成了辅助，围绕着作为核心的讲座空间、展示空间、交流空间和餐饮空间而展开。值得一提的是，在设计中，所有的内部空间属性都是可以相互置换的，这样的空间组织方式也使得整个场所拥有了更强的开放性和适应性。

区位图

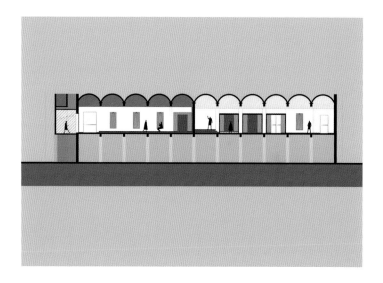

东西向剖面图

入口空间采用新建的现浇混凝土与玻璃材质与老
建筑的砖材形成有趣而强烈的对比。作为入口的
混凝土盒子，与镶嵌出挑的画廊玻璃盒子，还有
保留翻新的老楼砖盒子，形成了一种相互穿插，
平面立体化的"透明性"空间。

所有的空间设计都意在促进空间使用者之间的相
互交流，网红餐厅成了第一个交流序列空间的主
体，紧跟着的是演讲空间引领的多功能大空间，
以及网上交流为主的教育性的空间。在主体空间
上保留了连续的券拱结构和所有的砖墙，玻璃落
地门窗和金属外挂阳台形成了另一组极具观赏性
的材料对比。

通过材料的运用和空间几何形态的塑造，设计师
赋予了一个废旧的老建筑以全新的功能形态和意
义。这样的模式将会成为一种未来网络大学教学
空间在城市实践层面的一种原型。

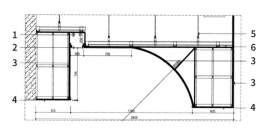

01. 细部图　　比例 1：15

1. 暗藏灯管
2. 发光膜
3. 白色乳胶漆
4. 原色钢板
5. 轻钢龙骨
6. 木工板

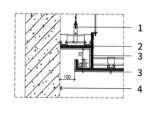

02. 细部图　　比例 1：10

1. 轻钢龙骨
2. 木工板
3. 石膏板喷黑色防水乳胶漆
4. 密度板喷黑色防水乳胶漆

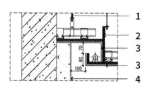

03. 细部图　　比例 1：10

1. 轻钢龙骨
2. 木工板
3. 石膏喷黑色防水乳胶漆
4. 原色钢板

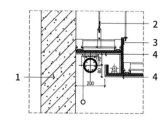

04. 细部图　　比例 1：10

1. 原色钢板
2. 轻钢龙骨
3. 木工板
4. 白色乳胶漆

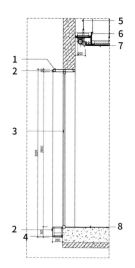

05. 细部图　　比例 1：20

1. 40 方管
2. 原色钢板
3. 钢化玻璃
4. 40 角钢
5. 轻钢龙骨
6. 木工板
7. 白色乳胶漆
8. 600×600 白瓷砖

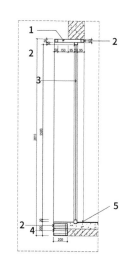

06. 细部图　　比例 1：15

1. 40 方管
2. 原色钢板
3. 钢化玻璃
4. 40 角钢
5. 水泥地坪

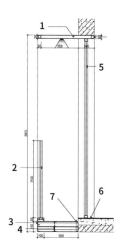

07. 细部图　　比例 1：15

1. 40 方管
2. 夹胶钢化玻璃
3. 原色钢板
4. 40 角钢
5. 钢化玻璃
6. 水泥地坪
7. 排水口

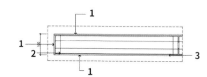

08. 细部图　　比例 1：5

1. 原色钢板
2. 40 角钢
3. 木工板

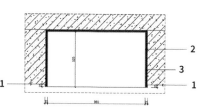

09. 细部图　　比例 1：5

1. 白色乳胶漆
2. 原色钢板
3. 木工板

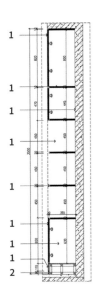

10. 细部图　　比例 1：15

1. 白色乳胶漆
2. 原色钢板

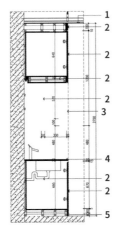

11. 细部图　　比例 1：15

1. 石膏板喷黑色防水乳胶漆
2. 白色烤漆板
3. 木工板
4. 原色拉丝不锈钢
5. 黑色拉丝不锈钢

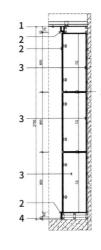

12. 细部图　　比例 1：15

1. 石膏板喷黑色防水乳胶漆
2. 密度板喷黑色防水乳胶漆
3. 密度板喷黑色氟碳漆
4. 黑色拉丝不锈钢
5. 木工板

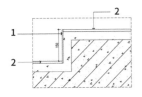

13. 细部图　　比例 1：5

1. 原色钢板
2. 水泥地坪

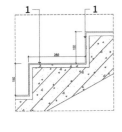

14. 细部图　　比例 1：5

1. 原色钢板

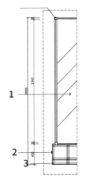

15. 细部图　　比例 1：20

1. 钢化玻璃
2. 原色钢板
3. 40 角钢

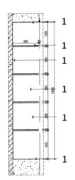

16. 细部图　　比例 1：15

1. 原色钢板

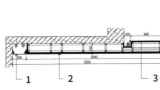

17. 细部图　　比例 1：15

1. 发光膜（暗藏灯管）
2. 石膏板喷黑色防水乳胶漆
3. 原色钢板

18. 细部图　　比例 1：20

1. 白色乳胶漆
2. 暗藏灯管
3. 发光膜

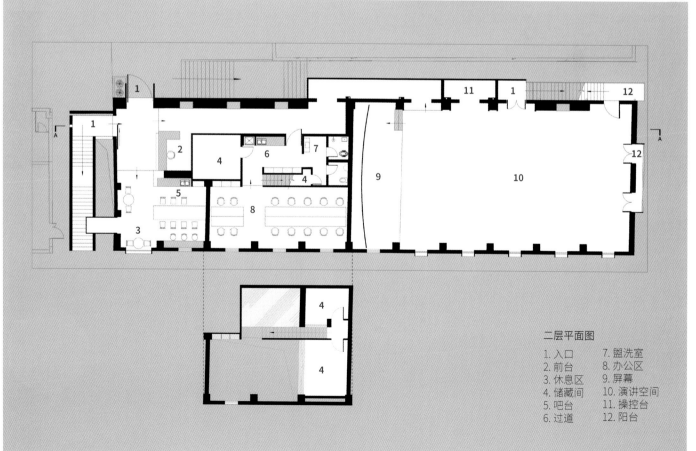

二层平面图

1. 入口　　　7. 盥洗室
2. 前台　　　8. 办公区
3. 休息区　　9. 屏幕
4. 储藏间　　10. 演讲空间
5. 吧台　　　11. 操控台
6. 过道　　　12. 阳台

项目地点：比利时，阿尔斯特
委托方：阿尔斯特市政厅
建筑公司：KAAN 建筑事务所
建筑师：齐斯·卡恩、文森特·潘雨森、
迪齐·赛皮奥
声学设计：特科贝尔工程公司（比利时）
可持续设计：RB 工作室、BSM（比利时）
摄影：©DSL、马可·卡布丽缇
面积：8309 平方米 + 235 平方米（自
行车库）

乌托邦——
表演艺术学院及图书馆

设计理念

乌托邦——表演艺术学院及图书馆坐落在由 KAAN 建筑事务所设计的全新建筑内。该项目在 2015 年由市议会发起公开竞赛，日前终于向阿尔斯特市敞开了大门。8000 多平方米的砖结构包括了一栋引人注目的 19 世纪后期历史建筑，在优雅地回应功能需求的同时重振了城市景观。

市政厅选择以公私合伙的形式签订设计及建造合同。项目被委托给由范·罗伊集团作为主承包商、KAAN 建筑事务所作为建筑设计的团队，二者在工作中实现了紧密的合作。

这座新建筑的灵感来自托马斯·莫尔（Thomas More）广受好评的著作《乌托邦》，该书由著名的阿尔斯特市民德克·马滕斯首次出版。新建筑被嵌入城市肌理，以增强城市中心独特的不规则街道和私密空间，并与之互动。三个新的广场分别沿着爱斯普拉纳德街、格兰市场和派柏街建造。

学校建于 1880 年，以前是一所士兵子弟学校，孩子们在这里接受教育，直到 16 岁报名参军。它已经嵌入 KAAN 建筑事务所的设计中，是新建筑的基石。无论是内外，历史悠久的外墙与宽敞的空间完美融合，而砖砌结构与浅灰色混凝土元素也实现了对话。

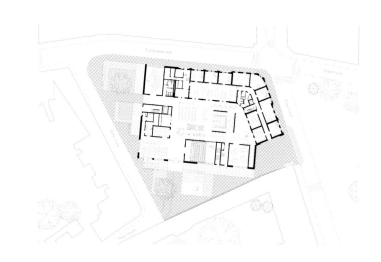

总平面图

立面图 1

立面图 2

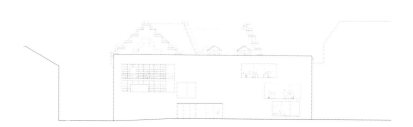

立面图 3

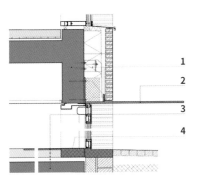

带雨篷的窗户细部图

1. 外墙
砖 500mm×100mm×40mm，
连接处 15～20mm，空心
墙 60mm，隔汽层，绝缘层
240mm，混凝土层
2. 雨篷
20mm 的钢板和隔热层，固定
在混凝土上
3. 地板
门垫、橡胶垫、混凝土
95mm，加气混凝土 60mm，
结构混凝土
4. 窗台
抛光预制混凝土

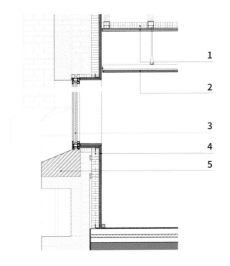

屋脊边缘细部

1. XPS 绝缘石头
2. 紧急溢流
不锈钢管
3. 外墙
砖 500mm×100mm×40mm，
连接处 15～20mm，空心
墙 60mm，隔汽层，绝缘层
240mm，混凝土层
4. 屋顶
屋面，绝缘层 240mm，隔汽层，
非绝缘斜坡，混凝土，金属网天
花板

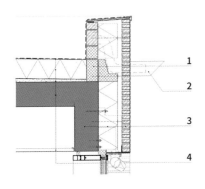

历史建筑立面细部图

1. 天花板（盒中盒）
隔音层，矿棉 80 mm，石膏板 2mm×12.5mm
2. 吊顶
吸音天花板，暗吊顶板 600mm×600mm
3. 窗
铝粉涂层
4. 墙
金属立杆，隔音矿棉 80 mm，石膏板
2mm×12.5mm，灰泥涂层
5. 底梁
天然石

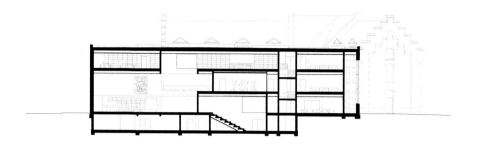

剖面图 1

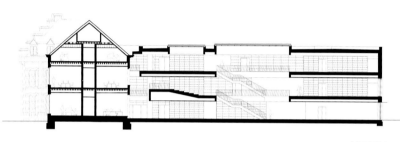

剖面图 2

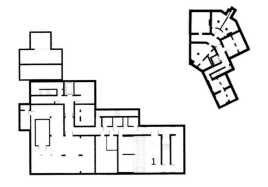

地下一层平面图
1. 礼堂

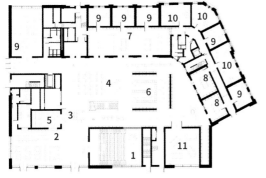

一层平面图

1. 礼堂
2. 餐厅
3. 服务台
4. 主要阅读大厅
5. 儿童阅读剧院
6. 儿童阅读区
7. 音乐及录像聚集区
8. 文学艺术收藏区
9. 音乐教室
10. 剧院教室
11. 青年工作室

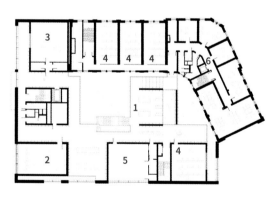

二层平面图

4. 主要阅读大厅
9. 音乐教室
10. 剧院教室
12. 理论课教室
13. 芭蕾舞教室
14. 办公室

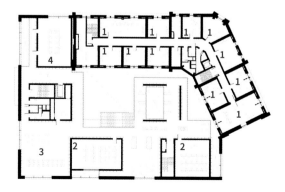

三层平面图

9. 音乐教室
12. 理论课教室
15. 计算机室
16. 会议室

乌托邦、这座城市及城市居民有着密不可分的联系，他们可以通过从砖墙上精心切割出来的又高又宽的窗口互相凝视。建筑的入口位于阅读咖啡厅和礼堂之间的广场上。穿过宽阔的大厅，建筑开放的内部景观从地板一直延伸到天花板，几层厚厚的混凝土楼板悬挑入空间，看起来像是飘浮在空中。每一层的高度都不尽相同，均设有书架和书桌，同时可以看到中庭和原有建筑的砖墙。此外，一个 11.50 米高的书架一直延伸到天花板，里面装满了由阿尔斯特市民捐赠的书籍。

这些混凝土结构看起来像是由书籍支撑的。书架被推到混凝土盘上，这样地板就可以在没有额外支撑的情况下悬挑出来。楼梯模仿踏板，曲折向上，在宏伟的中庭和阅览室的外围赋予楼梯雕塑般的存在。天花板已被缩小到几乎无法察觉的程度。所有的技术系统都隐藏在一个拉伸的金属色网格后面，可柔化强烈的日光，在白天创造一个愉快的氛围。

除了一层的礼堂外，表演艺术学院位于二、三层，在阅读中庭的两侧。在新建筑内，芭蕾舞室、排练工作室和教学空间的窗户与房间本身一样高、一样宽，既提供了城市的视野，又能从城市一瞥建筑内部，同时还体现了外墙面的构成。建筑师用同样的表达语言，拆除了原来学校窗户的栏杆，显著降低了主楼层的窗台。

声学设计是 KAAN 建筑事务所最基本的设计工具：图书馆的阅读不应该被音乐课和排练打断。悬浮的混凝土楼板取代了原来的木地板，门被转换成隔音屏障，双层玻璃窗会捕捉每一个钢琴音符。

这座建筑的大部分外部结构由新砖砌成。建筑师研究了城市的主要颜色，选择了一种名为"红色阿尔斯特"的深色砖。为了突出乌托邦的二元性，这些长而平的砖块（50 厘米 x 10 厘米 x 4 厘米）以水平的形式铺设，以补充垂直方向的老学校立面。

乌托邦的开放性也体现了可持续性。该建筑获得了英国建筑研究院环境评估方法（BREEAM）的优秀评级：建筑材料和劳动力都来自当地，建筑使用低能耗机器，太阳能电池板、地热和 LED 照明被集成到设计中，雨水得到回收和储存，230,000块砖被凿掉并在其他地方重新使用。

KAAN 建筑事务所与城市肌理互动的愿望已然实现：乌托邦已经成为阿尔斯特市中心的一个地标，一个市民们渴望在日常生活中享受并乐于迎接的新地标。

楼梯栏杆细部

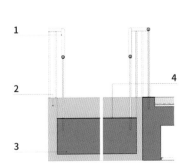

1. 栏杆
染色橡木扶手，亚光涂层钢栅栏焊接在亚光涂层钢板上，利用化学黏剂将栏杆连接在钢筋混凝土环形结构上
2. 混凝土
裸露的聚合物
3. 楼梯
结构性现浇混凝土
4. 混凝土
抛光表面

空白边缘细部

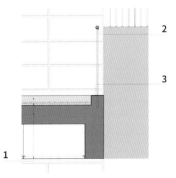

1. 地板
混凝土层 100mm，抛光地热层 20mm，加气混凝土层 30mm，结构混凝土，金属网吊顶
2. 栏杆
染色橡木扶手，亚光涂层钢栅栏焊接在亚光涂层钢板上，利用化学黏剂将栏杆连接在钢筋混凝土环形结构上
3. 混凝土
抛光混凝土

镂空楼梯扶手

1. 栏杆
染色橡木扶手，亚光涂层钢
栅栏焊接在亚光涂层钢板
上，利用化学黏剂将栏杆连
接在钢筋混凝土环形结构上
2. 地板
混凝土层 100mm，抛光地
热层 20mm，加气混凝土层
30mm，结构混凝土，金属
网吊顶
3. 混凝土
抛光面
4. 空白边缘
结构性现浇混凝土梁

内墙的细节

1. 书柜
2. 墙
裸露的混凝土
3. 内墙
铝，折叠金属片
4. 地板
抛光混凝土 100mm，地热
层 20mm，加气混凝土层
60mm，结构混凝土

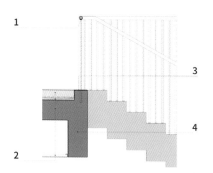

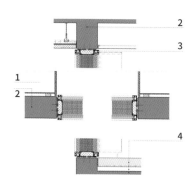

项目地点：西班牙，萨拉戈萨
完成时间：2016 年
建筑设计：IDOM 公司
摄影：IDOM 公司
面积：2188.5 平方米

圣乔治大学
公共服务楼

设计理念

无论是从宏大的尺度还是从最近的尺度来看，这个项目都符合一种空间逻辑。在初始阶段，项目就确定了一个 L 形模块和南北朝向，既使得所有来自南面的光和热能不被浪费，同时又保护建筑在北面的热损失。南北方向的玻璃通道将继续并连接未来的模块。设计还能保护东天井不受风的影响，打造与加利西亚河山谷景观和谐统一的欢迎空间。建筑的设计遵循了经济手段、快速执行以及最大限度的灵活使用和成长等原则。基于这些策略，地面是略有降低，斜坡被缓和，将悬空的楼板打造成了有用的楼面。这不仅优化了地基层，而且将边坡与校园东侧的绿化区自然地融合起来。

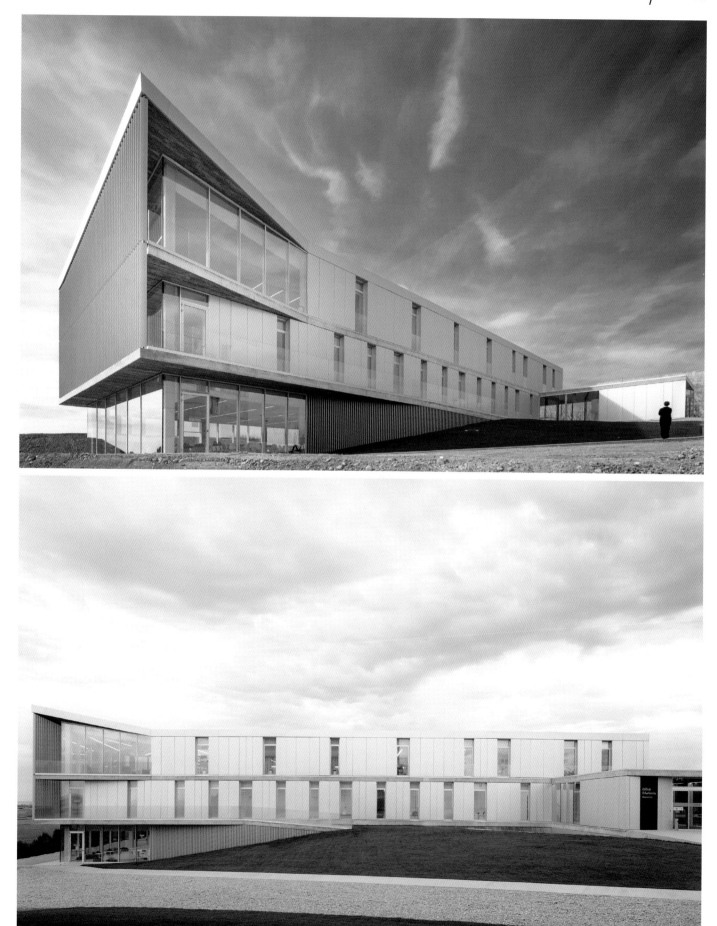

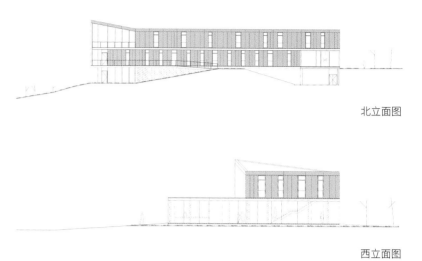

北立面图

西立面图

南立面图

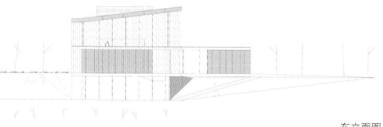

东立面图

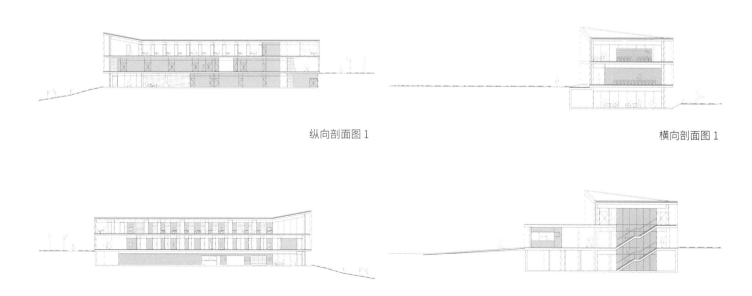

纵向剖面图 1   横向剖面图 1

纵向剖面图 2   横向剖面图 2

一层平面图

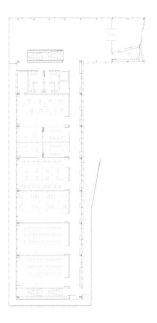

二层平面图

三层平面图

屋顶平面图

建筑被配置为一个 12 米跨度的自由楼层，每层有 500 平方米的净空间，共有 3 层。每层的用途都各不相同：远离噪声的图书馆，靠近活动中心和生活区的演讲室，以及靠近自然环境、从山谷延伸出来的多媒体图书馆。三层楼的部门区域都作为缓冲区，与每层的活动相关，并预见了未来模块的增长。从逻辑上看，图书馆最终将占据整个首层，因此，整个建筑最终都可以服务于这个目的，并可作为校友办公室的多媒体图书馆。尽管如此，该建筑可以适应任何校园配置或需求。6 米 x12 米的模块、没有垂直支撑的清晰的楼层空间以及通信和卫生间核心的分布都是项目的保证。垂直交通与前面提到的封闭通道相连，这条通道不受天气影响，为偶尔的展览提供了一个理想的空间。从通道展览区向前延伸，是电梯旁的主楼梯。外部楼梯的设置满足了疏散规定的要求，使人们不必再转向受保护的楼梯。这实现了所有用途之间的最大可达性，而不会损害建筑的整体灵活性和通用性。建筑在交通、空间分布乃至能源方面都很高效。空调设计根据地形选择了地热的方式。校园中的其他建筑也采用了地热空调，但是该建筑是首个集中采用此设施的。

项目地点：英国，伦敦
完成时间：2017 年
建筑设计：麦克洛宁建筑事务所（Niall McLaughlin Architects）
总室内面积：5500 平方米
摄影：麦克洛宁建筑事务所（Niall McLaughlin Architects）
主要材料：铝、砖、混凝土、玻璃、钢

伦敦音乐与戏剧艺术学院

设计理念

伦敦音乐与戏剧艺术学院无奈地搬离了他们位于塔加斯路上的老校区。不利的外部环境与他们在那里所创造的丰富的内在生活形成了鲜明的对比。课间，走廊里到处是歌声和莎士比亚的作品。坐在接待处，你可以听到楼上的踢踏舞课。新项目所面临的部分挑战在于如何使新建筑发挥功能，同时又不失学院自身的精神。项目外部条件给教学环境带来了相当多的问题，包括交通噪声、铁路噪声和污染等。同时，项目所在地又是一个非常引人注目的位置，能见度很高。委托方本想接管一座旧仓库，用一座没有自我意识的历史建筑来打造他们自己的创意空间。我们的方案利用了其所在地的城市品格，并创造了一个稳健、宁静的学习场所。

除了伦敦音乐与戏剧艺术学院的现有建筑序列之外，设计师还增加了一个三层的教学楼和一个四层的剧院。教学楼内设有工作室、辅导室和办公室，由一条天光走廊一分为二。由于场地受限，后台设施被安置在剧院下面，将舞台提升到了入口层的上面两层。门厅夹在教学楼与剧场之间，比较狭窄，其设计围绕着从售票室到礼堂的垂直路线展开。礼堂的木风扇、楼梯及缓步台与有着规则窗口的砖砌墙面形成了对比。木材和黄铜点缀了由砌块和混凝土构成的坚韧质感。

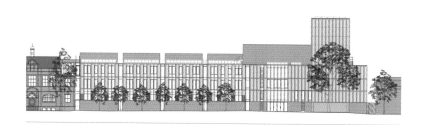

北立面图

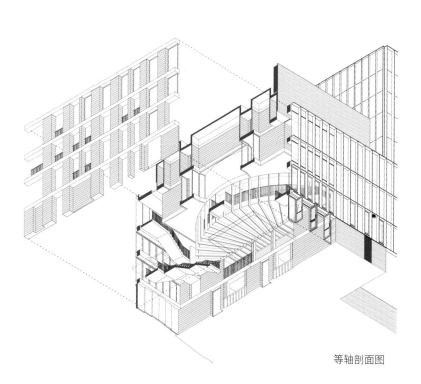

等轴剖面图

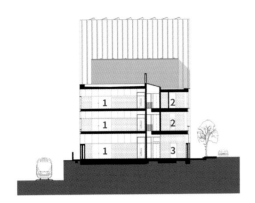

工作室剖面图

1. 工作室
2. 办公室
3. 设备间

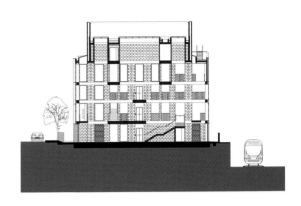

大厅剖面图

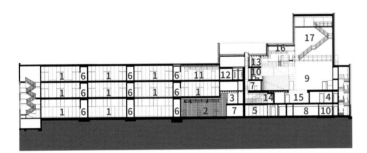

长剖面

1. 工作室	10. 礼堂阳台
2. 小剧场	11. 媒体工作室
3. 小剧场画廊	12. 功能厅
4. 更衣室	13. 控制室
5. 入口门厅	14. 门厅夹层
6. 商店	15. 地下室
7. 后台	16. 技术画廊
8. 植物种植室	17. 舞台塔
9. 礼堂	

从外部看，这座建筑是一个简单的工厂式集装箱。教学楼由四个相同的金属盒子组成，下面各是一个砖砌的底座。这个剧院处理成第五个盒子，更加精美复杂。上层结构的金属凸缘将玻璃和实心元素的布置结合起来。带有楞纹的盒子让建筑立面富有节奏和动感，就像车辆快速驶过所看到的模糊景象一样。砖砌底座将吸引人的窗口框住，让行人得以一瞥学院内的世界。

一层平面图

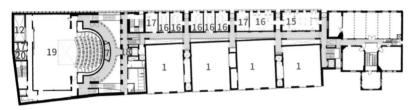

二层平面图

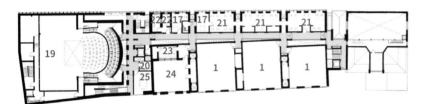

三层平面图

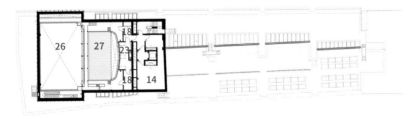

四层平面图

1. 工作室
2. 小剧场
3. 设备间
4. 更衣室
5. 入口门厅
6. 售票处
7. 酒吧
8. 工具间
9. 灯光音效部
10. 声音工作室
11. 植物种植室
12. 货梯
13. 电器房
14. 机房
15. 图书馆
16. 会议室
17. 办公室
18. 休息大厅
19. 礼堂
20. 厨房
21. 调试办公室
22. 影音制作室
23. 控制室
24. 媒体工作室
25. 功能厅
26. 舞台塔
27. 技术画廊

马萨纳美术学校

地点：西班牙，巴塞罗那
委托方：巴塞罗那教育委员会
发起人：巴塞罗那省
建筑面积：11,010 平方米
建筑师：卡梅·皮诺斯·德斯普拉特
设计公司
项目经理：塞缪尔·阿里奥拉
设计团队：艾莎·马蒂、罗伯托·卡
洛斯·加西亚、霍尔格·汉娜法斯、
巴兰卡·帕洛特、阿娜·伊莎贝尔·
罗德里格斯、伊尼斯·森格尔、弗朗
西斯科·奥利瓦斯

设计理念

马萨纳美术学校是位于巴塞罗那历史街区中心的
嘉顿亚广场漫长改造过程的一部分。

项目响应需求，在 11,000 平方米的可用面积内打
造了一个明亮的室内空间，同时也实现了建筑外
部与其所在城市网络的和谐统一。

为了呼应周边的建筑，这座建筑在空间和外墙设
计上均是分裂的。为了赋予建筑更独特的雕塑感，
同时减少体量，建筑面向广场的一部分被分解成
两个旋转的空间，形成了不同的平台。

陶瓷的设计让人想起了建筑外墙的百叶窗，既强
调了建筑的体积感，同时又保护了学生的隐私。

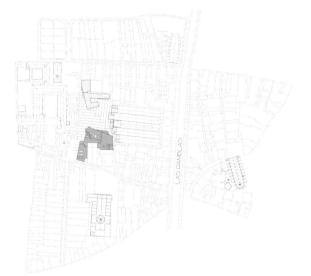

方位布局图

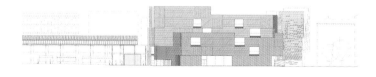

北立面图

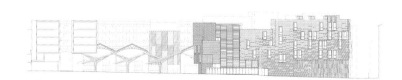

西立面图

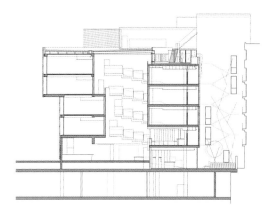

天井剖面图 1

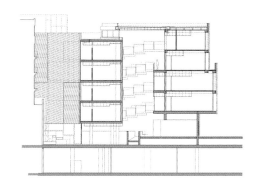

天井剖面图 2

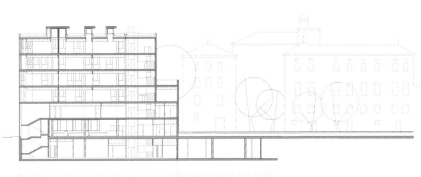

纵向剖面图

一层平面图

1. 主入口
2. 接待处
3. 中庭大厅
4. 展览区
5. 自助餐厅
6. 厨房
7. 图书馆
8. 礼堂
9. 秘书室 / 办公室
10. 卫生间
11. 服务台
12. 天井
13. 停车场
14. 停车场楼梯

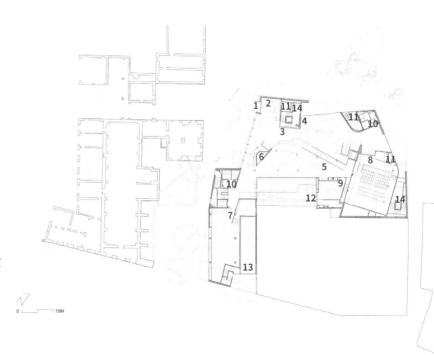

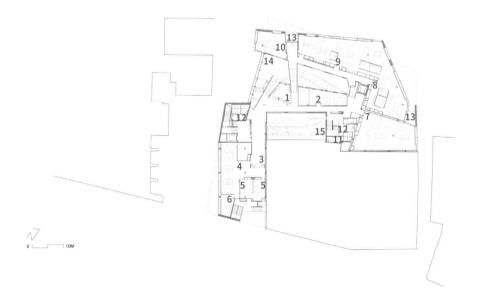

二层平面图

1. 信息服务台
2. 校长办公室
3. 柜台
4. 开放式工作空间
5. 会议室
6. 办公室
7. 纺织车间
8. 绢印车间
9. 平面艺术工作室
10. 平面艺术室
11. 服务区
12. 卫生间
13. 阳台
14. 中庭
15. 天井

0   10M

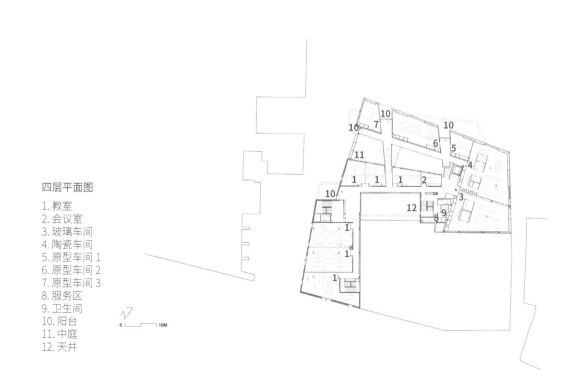

四层平面图

1. 教室
2. 会议室
3. 玻璃车间
4. 陶瓷车间
5. 原型车间 1
6. 原型车间 2
7. 原型车间 3
8. 服务区
9. 卫生间
10. 阳台
11. 中庭
12. 天井

0   10M

项目地点：英国，牛津
完成时间：2017 年
建筑设计：麦克洛宁建筑事务所（ Niall
McLaughlin Architects ）
摄影：麦克洛宁建筑事务所（ Niall
McLaughlin Architects ）
总室内面积：846 平方米
建造成本：889.7 万英镑
主要材料：石材、木材、玻璃

苏丹纳兹林·沙阿中心

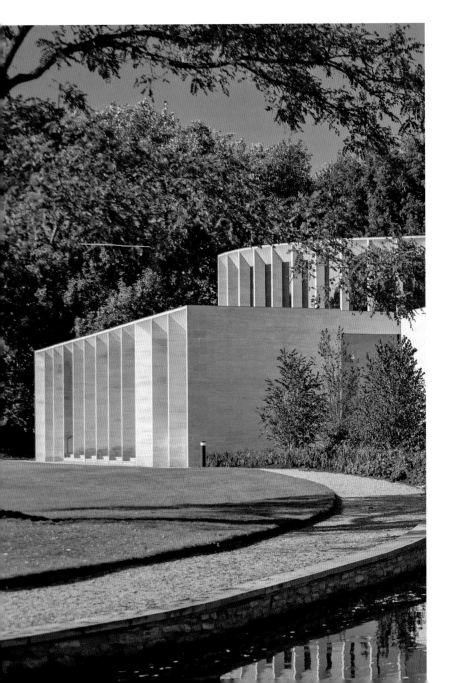

设计理念

苏丹纳兹林·沙阿中心是一座新建筑，内有一个
大型演讲厅、一个学生学习空间、多个研讨室和
一个舞蹈工作室。这个项目不仅提供了新的设施，
而且还开发并提升了学院该部分场地的环境。虽
然新建筑物与列入历史名录的公园的关系至关重
要，但这仅仅是整个复杂布局的一部分。

这座建筑服务于三个社区，为学术、会议和本地
使用功能精心规划空间，既可单功能使用，也可
多功能同时使用。它被设计成花园中的剧院，坐
落在一个底座上。一个弧形的石刻礼堂直接通向
一个带有橡木天花板的门厅，该门厅则延伸到绿
廊和俯瞰板球场的露台。剧院采用高大的石幕结
构框架，天光可直射入空间。褶皱的天花板带着
空间冲向舞台。剧院既有全封闭的暗化环境，又
是一个被花园环绕的明媚空间。 舞蹈室坐落在一
个长长的蛇形湖的尽头，这个湖把它与学院的古
老核心连接起来。

当你从伍斯特广场穿过门厅到达时，你会看到一
个新的开放庭院，可以从湖面眺望到公园的风景。
建筑师用这个广场连通圣斯伯里大楼与新建筑，
并进一步将它们与周围的庭院和花园联系起来。

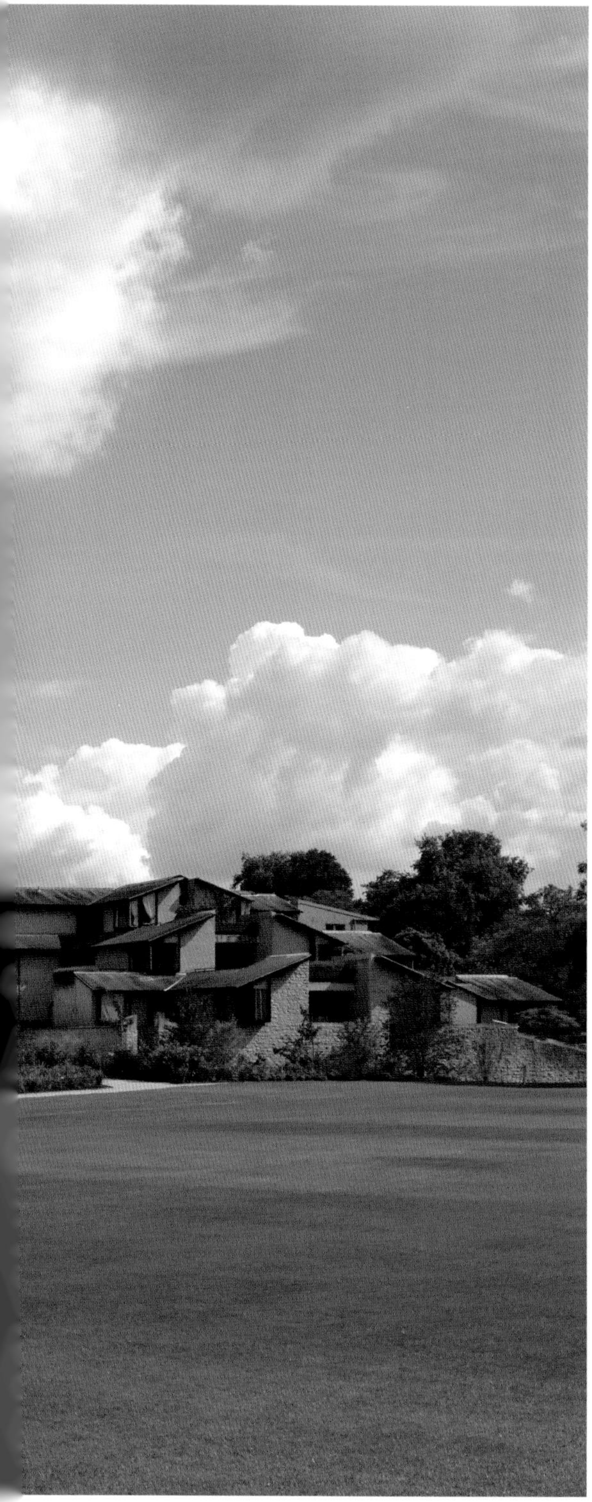

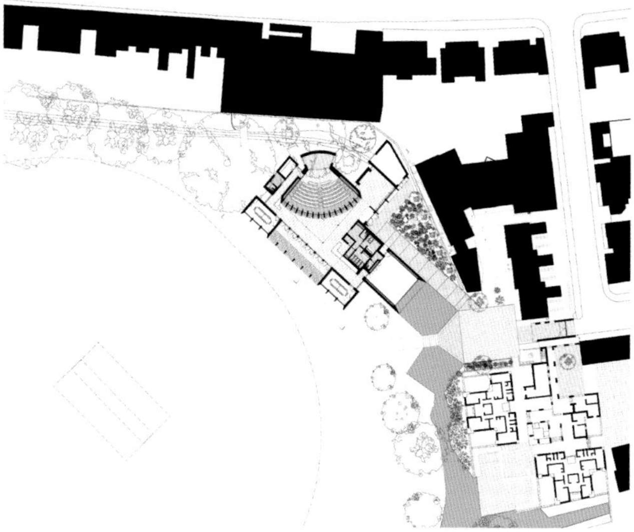

总平面图

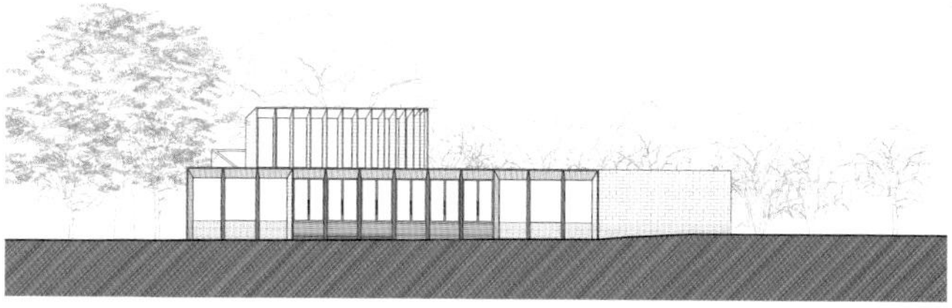

立面图

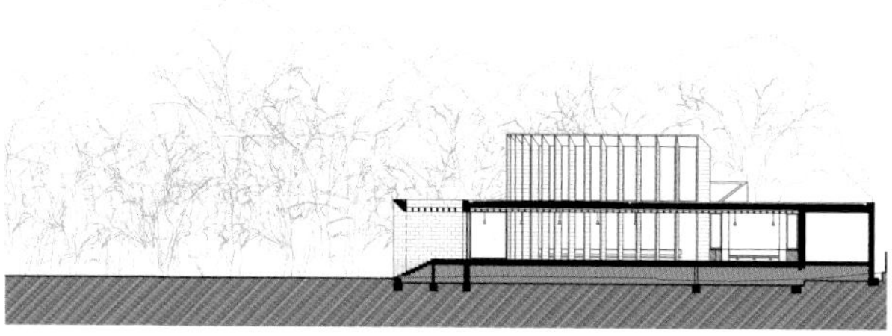

剖面图 1

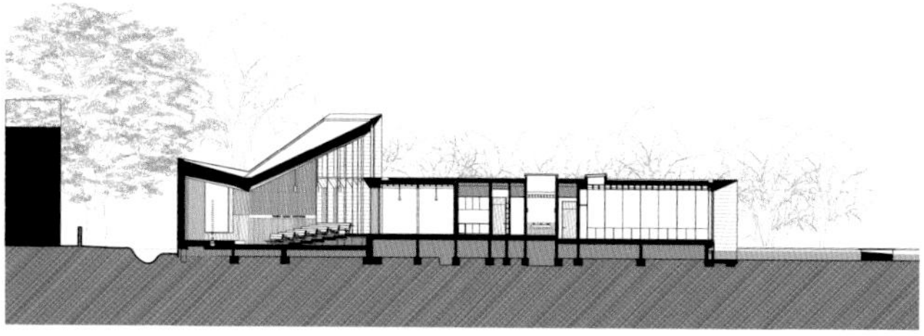

剖面图 2

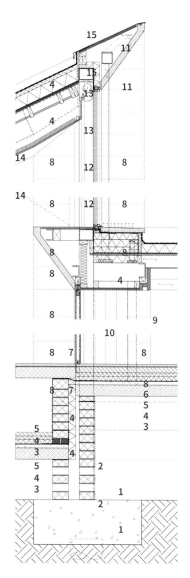

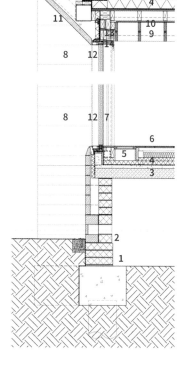

细部图 1

1. 地梁
2. 砌体 (开口至水平面)
3. 预制混凝土板
4. 刚性绝缘
5. 砂浆层
6. 地板砖
7. 隔音门
8. 石材饰面
9. 橡木托梁
10. 橡木饰面软胶合板
11. 石材拱腹
12. 上釉
13. 遮光窗帘
14. GRG 天花板
15. 铝盖

细部图 2

1. 地梁
2. 砖石结构 (开口直至水平面)
3. 预制混凝土板
4. 刚性绝缘
5. 加热器
6. 木材地板的支撑和板条系统
7. 上釉栏杆
8. 石材饰面
9. 橡木托梁
10. 橡木饰面软胶合板
11. 石材拱腹
12. 整体排水的滑动玻璃
13. 遮光窗帘
14. 上釉橡木框架
15. 铝盖

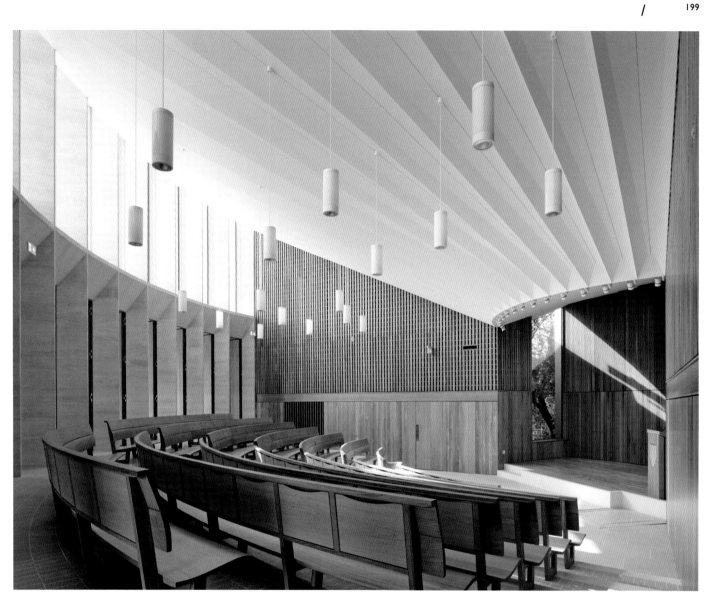

一层平面图

1. 设备间
2. 礼堂
3. 舞台
4. 储物间
5. 卫生间
6. 会议室
7. 露台
8. 休息大厅
9. 电子中心
10. 入口
11. 厨房
12. 工作室

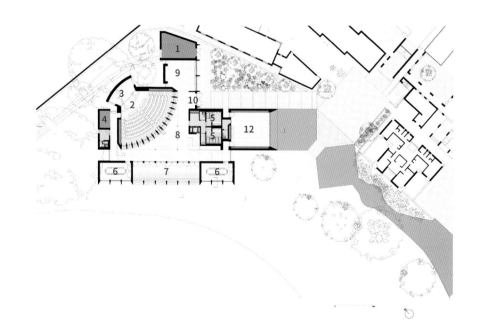

项目地点：土耳其，安卡拉
完成时间：2018 年
建筑设计：埃尔卡尔建筑事务所
主创建筑师：艾默尔·埃尔卡尔
委托方：哈希德佩大学
承包商：SMG 公司
结构设计：勒文特·阿克萨来工程公司
机械设计：普鲁赛尔工程公司
摄影：亚瑟其姆建筑摄影
建筑面积：6500 平方米

哈希德佩大学
生物多样性博物馆和
生物多样性中心

设计理念

生物多样性博物馆和生物多样性中心大楼位于哈希德佩大学安卡拉贝特比校区扩建的外围，内设以生物多样性为主题的科学研究设施和展览空间。贝特比校区位于安卡拉的主要发展轴线——西行通往埃斯基谢希尔省的公路上。这条公路给城市化和土地碎片化带来了巨大的压力。校园坐落在一个连绵的山谷和山脊之中，其中几个山谷仍保留着独特的生态系统。几个长期到中期的项目正在考虑之中，旨在保护这个快速发展的 500 万人口城市内的自然资源。生物多样性博物馆和生物多样性中心正是最具体的尝试之一；它将有助于保护景观并促进科学的社会发展。

这座建筑坐落在一个朝东的斜坡上，其本身就是一个植树造林项目。邻近地块与预留的保护区相连，其中包括未来的国家植物园。从入口平台可以看到植物园和城市南部的壮阔景观。建筑随地势而建，形成了一系列阶梯平台，力求在硬质地面和体量中引入绿色植物。

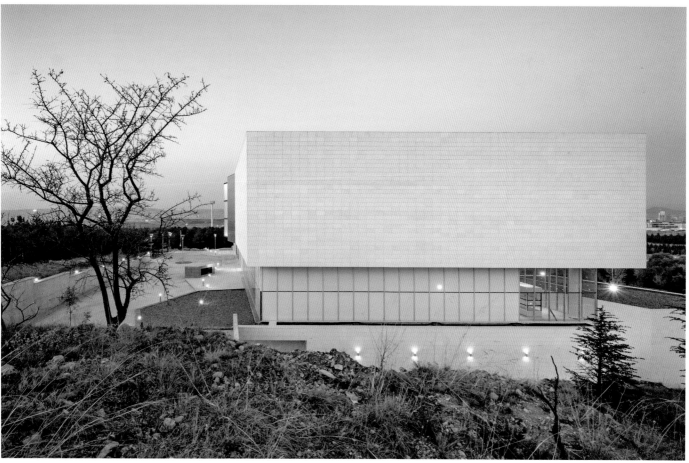

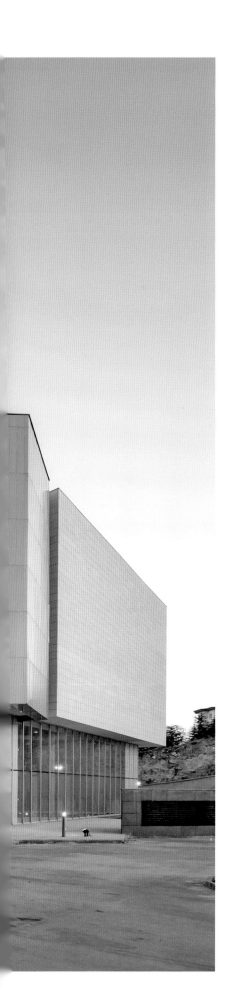

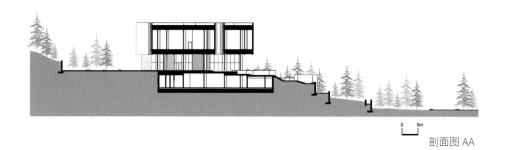

剖面图 AA

剖面图 BB

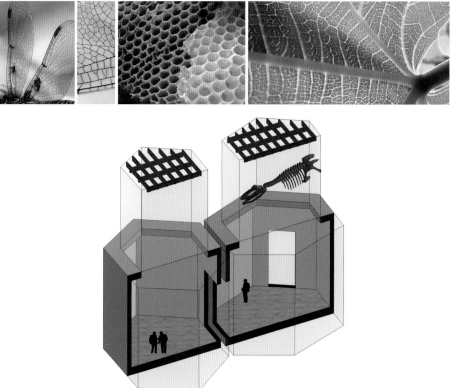

总建筑分解图

虽然建筑内功能相互交错，研究和博物馆空间均分别设有单独的入口，二者隔着一楼的广场相对。研究设施包括收藏室、实验室、科学家办公室、行政、图书馆和会议大厅。博物馆由动物学、医学科学和人类学展厅组成。建筑下层在地势上与植物园相连，将用于植物展览，未来将规划一系列的温室。

开放空间和封闭空间的建筑逻辑遵循几何划分的顺序，与许多生物现象异曲同工。生物多样性主题范围内的展览材料，在尺寸、维度和规模上差异巨大。因此，空间最好可以分割成独立的主题，但是又能保持连续性并相互连接。

计划展出的大部分材料均来自于科学机构和科学界领军人物所持有的材料。因此，在博物馆成立之初，预计生物多样性学界将会积极参与进来。生物多样性博物馆和生物多样性中心将超越其为科学和学术界服务的目标，接受景观保护和培育科学社团的挑战。

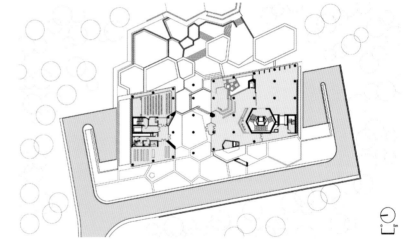

一层平面图

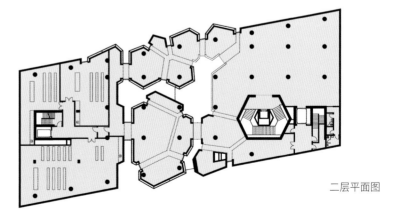

二层平面图

地点：美国，普林斯顿
完成时间：2017 年
委托方：萨福克郡社区学院
建筑师：画像 5 建筑事务所、威德苏姆建
筑事务所
结构设计：西弗鲁德事务所（纽约州纽约）
机械、电气、给排水设计：利萨多斯事务
所（纽约州米尼奥拉）
景观设计：RDA 景观建筑事务所（纽约州
圣詹姆斯）
承包商：卡波比安科建筑公司（纽约州帕
乔格）
摄影：杰弗瑞·托塔罗
占地面积：10,198 平方米
建筑面积：6317 平方米

萨福克郡社区学院
学习资源中心与
社区活动室

设计理念

学习资源中心是一个先进的创新型图书馆，提供了充满活力的学习空间集合。它位于纽约州萨福克郡社区学院的迈克尔·J. 格兰特校区的中心，处在卡姆塞特学生中心与健康 / 运动 / 教育中心之间的主步行街交汇处和这所通勤学院的主停车场之间。九个简单的立方体排列在一个三乘三的网格中，图书馆就设在两层楼内。部分立方体要么被移开，要么被扩大，形成了交错的凹凸空间，使得学习资源中心可以起到了棱镜作用，让阳光全天都能投射到建筑内部。一盏中央灯笼从大楼上方升起，在校园的天际线上形成了一个标志性的形象，也作为一个从校园的各个角落都可以看到的灯塔。

学习资源中心提供了多种学习环境，可进行团队学习、体验学习和问题学习，其中包括小组学习室、研讨室、平层电脑教室、开放式辅导教室和可容纳 100 人的演讲厅。在建筑的中心，灯笼下面，是信息公共区，它容纳了计算机工作站、技术和参考问询台，以及休闲阅读区。学术卓越中心位于信息公共区中心的轴线上，侧面是学院的写作中心。学院的董事会、教职员图书馆、办公室和阅览室占用了二楼。图书馆的书库也位于二楼，里面堆满了供个人学习用的书刊。

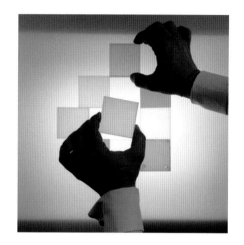

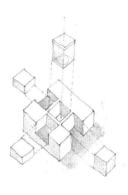

建筑分解图

总平面图

1. 学习中心
2. 健康中心
3. 校园人行步道
4. 学生中心
5. 行政办公室
6. 校园入口

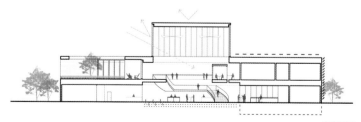

剖面图

建筑外墙由铝制玻璃幕墙和白色瓷砖构成，与校园里常见的红色黏土砖不同，显示出学习中心的与众不同。设计以通风的雨幕立面、绿色屋顶和光照明控制为特色，融合了可持续设计理念。

"作为学习的明灯，学习资源中心是校园内学生之间产生思想碰撞的场所。大灯笼是这所通勤学校内进行合作和社会学习的场所"，画像 5 建筑事务所的设计负责人约瑟夫·G. 塔托尼说。

"学习资源中心作为我们校园的活动室，学生可在这里独自或一起学习，聚集和放松，构建社区，或简单地思考。高校的图书馆一直在变化，从储藏书籍和材料的传统仓库，转变成支持学生学习、探索、发现和充实自我发挥关键作用的角色。这种新结构正是如此。作为院长，我的最终责任是为我们的学生提供最好的学术环境，培养和促进积极学习的学生。这座新建筑通过全新的空间使我们能够实现这一目标"，迈克尔·J.格兰特校区执行院长和首席执行官詹姆斯·基恩博士说。

"学院及其学生给我们共同的社区带来了活力，而新的学习资源中心将成为这种价值的有力象征"，纽约州立大学高级官员克里斯蒂娜·约翰逊说。

学习资源中心获得了许多专业组织和奖项所颁发的荣誉，包括芝加哥图书馆奖、A+档案人奖、美国注册建筑师协会奖和美国建筑师学会各个分会所颁发的奖项。

一层平面图
1. 入口大厅
2. 礼堂
3. 到访服务台
4. 参考查询台
5. 信息共享区
6. 参考区
7. 小组学习区
8. 教室
9. 学术学习中心
10. 辅导教室
11. 写作中心
12. 计算机实验室

项目地点：德国，亚琛
完成时间：2017 年
委托方：亚琛建筑地产公司
建筑设计：SHL 建筑事务所（Schmidt
Hammer Lassen Architects）、霍勒建筑事务所
（Höhler+Partner Architekten）
工程设计：WSS 公司（Werner Sobek Stuttgart
GmbH）、凯尔特工程公司（KlettIngenieur
GmbH）
摄影：马尔格特 • 古施灵、麦克 • 拉切
面积：14,000 平方米
获奖情况：2009 国际邀请竞赛一等奖

德国亚琛工业大学新建 C.A.R.L. 礼堂

设计理念

欧洲最大、最现代化的演讲设施之一在德国亚琛工业大学正式落成。新设施总面积 14,000 平方米，名为 C.A.R.L.(研究和学习中央礼堂)，为 4000 多名学生提供了空间。礼堂由 11 间演讲厅、16 间研讨室、休息空间及咖啡厅构成，同时还拥有大学的物理学展览厅、存储空间、工作空间和一个大的地下自行车停车场。新大楼内两个最大的演讲厅分别可容纳 1000 个座位和 800 个座位。

SHL 建筑事务所的设计是亚琛工业大学的重要发展战略的一部分，它为校园增加了超过 280,000 平方米的额外空间，使其成为了欧洲最大的研究型大学之一。

新的教学设施针对学习和科学有更全面的理解，体现了一种注重人文尺度的人文主义设计。C.A.R.L 礼堂位于中部校区和西部校区交汇处的中央。

四层的演讲厅中心被构思成一个独特的雕塑体，通过从相邻的建筑线条中抽离，创造一个广场和环绕的绿色城市空间，打破了城市街区结构。紧凑的建筑由两个实体组成，二者通过一个清透的中庭连接，中庭以之字形贯穿建筑。大中庭整合了几个不同大小的非正式空间，形成了社交活动和知识共享的广场和平台。

总布局图

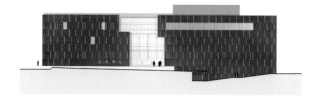

建筑立面图

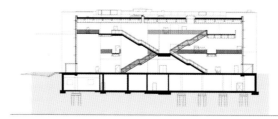

剖面图

220

创始合伙人约翰·福尔德杰格拉森（John FoldbjergLassen）表示："设计的中心思想是内在内向的礼堂和连接礼堂的动态开放的社交区域之间的对比。两个大楼梯和连接桥梁将成为每天同学和讲师'见面和问候'的地方。"

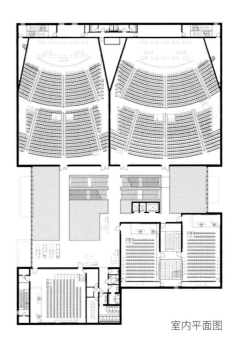

室内平面图

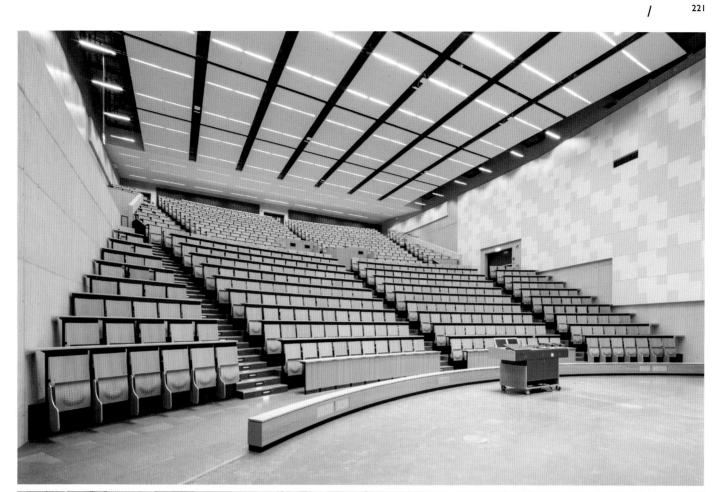